琉球政府の食糧米政策

沖縄の自立性と食糧安全保障

小濱 武 ── 著

東京大学出版会

The Rice Policy of the Government of the Ryukyu Islands:
Okinawan Autonomy and Food Security
Takeru Kohama
University of Tokyo Press, 2019
ISBN978-4-13-046128-3

はしがき

　本書では，戦後アメリカ統治期（1945～1972年）の沖縄における食糧米政策の展開を，その主な政策主体たる琉球政府の主体性（自律性）に着目して明らかにする．

　今日の日本における最大の政治的課題の一つが，沖縄に押し付けられている問題群（いわゆる「沖縄問題」）であることは，論を俟たないだろう．日本国内のアメリカ軍基地が沖縄に集中する状況が引き起こす，軍属による犯罪，昼夜を問わない演習に伴う騒音問題，住宅街を飛行ルートに含む軍機の危険性等が，沖縄においては極めて切実な問題となっている．それにも関わらず，アジアでの政治的緊張の高まりと地政学上の沖縄の利点が主張され，在日アメリカ軍基地の沖縄への集中が正当化されている．日本政府による辺野古での新基地建設が強行されるなかで，状況は混迷を深めるばかりである．

　近年の戦後沖縄史研究の興隆は，こうした問題に取り組む各研究者の奮闘の跡ともいえる．政治史，社会史，ジェンダー史など多様な領域から豊富な成果が出されている．本書もささやかながら，経済史という領域から，それに加わることを企図している．現状の解決策という点で本書が貢献できたのかは甚だ心もとないが，沖縄の自立性が構造的に限界づけられていく過程の一端を描き出すことはできたと思う．

　さらに，本書の成果は，沖縄史研究の文脈のみにとどまらない．今日の世界を見れば，新興国における需要増，異常気象，環境問題，バイオマスエネルギー，投機マネーの流入などによって，食料需給の不安定性は増すばかりである．昨今の日本におけるTPPをめぐる議論の高まりに象徴されるように，各国にとって食料の安全保障はいまや最も重要な政策課題の一つとなっている．本書の射程には，食料の安全保障のあり方を歴史的な視点から考察することも含まれている．

目　次

はしがき　i

序　章　……………………………………………………………………　1
1. 本書の目的　1
2. 戦後沖縄の食糧米政策　5
3. 研究史　11
   3.1　アメリカ統治期の沖縄経済史についての研究状況　11
   3.2　琉球政府についての研究状況　18
4. 本書の分析視角と構成　21

第1章　食糧米供給不足下における需給調整政策：
　　　　1945〜1958年　………………………………………………　25
はじめに　25
1. 終戦後アメリカ軍政府による食糧配給　26
   1.1　戦後沖縄の食糧配給制度　26
   1.2　食糧米の調達と分配　29
   1.3　食糧配給停止命令　33
2. 琉球政府設立前後における食糧米需給　37
   2.1　食糧配給業務の民営化と輸入計画立案権限の沖縄側への一部委譲　37
   2.2　割当配給制度の廃止　40
3. 食糧米需要の拡大と琉球政府の対応　43
   3.1　砕米輸入の拡大と食糧米需要の拡大　43
   3.2　食糧米取扱業者の拡大　45
おわりに　47

第2章　米穀需給調整臨時措置法をめぐる琉米間の対立と妥協：1959〜1962年 …… 49

はじめに　49
1. 「自由化体制」による沖縄経済開発構想　50
   1.1　「島ぐるみ闘争」と沖縄経済開発構想　50
   1.2　「自由化体制」への琉球政府の対応　51
2. 島産米価格支持政策の策定とUSCARによる修正過程　53
   2.1　事前・事後調整の経緯　53
   2.2　米穀需給調整臨時措置法下の食糧米流通と価格の管理　58
3. 米需法下の外米・島産米の需給と価格の調整　63
   3.1　外米輸入をめぐる諸問題　63
   3.2　島産米の買上事業　66
おわりに　72

第3章　日米政府の政策課題を受けた食糧米政策の「自由化」への転換：1963〜1964年 …… 75

はじめに　75
1. USCARの加州米輸入促進政策と日本政府の沖縄産糖保護政策　76
   1.1　輸入先をめぐる韓国米と加州米の対立と「第4の指定業者」構想　76
   1.2　沖縄産糖買上政策の開始　82
2. 「自由化」と食糧米政策の再編　86
   2.1　「自由化」の内容　86
   2.2　「自由化」後の食糧米輸入状況　89
   2.3　沖縄内販売面での変化　95
3. 島内稲作の急減と食糧米需給構造の変質　97
   3.1　「自由化」直後における島産米価格決定構造　97
   3.2　指定業者の利害関心を受けた島産米小売価格のさらなる引下げ　104
   3.3　米穀需給調整特別会計　107
おわりに　109

第 4 章　島産米保護への回帰：1965～1969 年 …………… 111

はじめに　111
1. 稲作振興法及び米穀管理法の制定と USCAR の対応　112
   1.1　島産米保護への回帰　112
   1.2　稲作振興法及び米穀管理法下の食糧米管理制度　117
   1.3　審議会委員の構成　119
2. 琉球政府主導の米価決定構造　122
   2.1　輸入米価格の上昇と輸入米小売価格の概観　122
   2.2　輸入米価格と課徴金額の決定構造　123
   2.3　輸入米小売価格の引上げ問題　128
   2.4　琉球政府主導による指定業者共同輸入体制の構築　130
3. 1960 年代後半における島産米買入価格の引上げ　133
   3.1　稲作振興法下の島産米買上事業と買入価格の推移　133
   3.2　稲作振興審議会における琉球政府案の受容構造　134
   3.3　稲作振興審議会における買入価格の上積み　137
   3.4　稲作振興特別会計　140
おわりに　142

第 5 章　「復帰」を前提とした食糧米政策の再編：1970～1972 年 ……………………………………… 145

はじめに　145
1. 本土米供与計画の策定過程　147
   1.1　本土米供与計画と PL480 構想　147
   1.2　供与数量をめぐる三者の対立と妥協　152
2. 琉球政府食糧米政策の再編　156
   2.1　外米輸入体制の転換　156
   2.2　島産米保護政策の再編　160
   2.3　本土米に対する課徴金の付与方式　166
おわりに　171

終　章 ·· 175
　　1. 本書の総括　175
　　2. 本書の成果　178
　　3. 今後の課題　181

参考文献　183
あとがき　191
索　　引　194

序　章

1. 本書の目的

　戦後沖縄は日本から分離され，アメリカ統治下に置かれた（1945～1972年）[1]．本書の目的は，当該期に住民自治政府として存在した琉球政府による食糧米政策について，琉球政府の主体性（自律性）に着目しながら，政策の形成・執行過程を明らかにすることによって，当該期の琉球政府の性格を位置づけることである．

　最初に，戦後アメリカ統治期を対象とした沖縄経済史研究の持つ意義について述べる．

　第1に，今日の日本における最大の政治的課題の一つである，いわゆる「沖縄問題」をどのように解決していくのかを考える上で，経済史的な視点は欠かせないピースである．特に，アメリカ統治期においては，恒久的基地が建設されるのと並行して，経済構造もまた，基地の存在を与件とするものへと変容していった．それは，その過程で形成された沖縄経済の性格を表現するものとして，「基地経済」という用語が用いられてきたことからもうかがえよう．今日では，経済全体に占めるアメリカ軍基地関連産業の比重は大

---

[1] 戦後，沖縄の施政権が日本から分離された期間における，アメリカによる沖縄の管理の形態を表現する用語として，「占領」と「統治」がある．本書では，後者の「統治」を用いる．その意図するところは，本書のテーマが「占領」が暗示する直接的な暴力性ではなく，「統治」というシステムの中で沖縄の主体性（自律性）が奪われていくという暴力性を描き出すことにあるからである．言うまでもなく，軍事力を背景としたアメリカ軍による沖縄住民への暴力や，土地や資源などの収奪といった直接暴力的側面を否定するものではない．

きく低下しており，沖縄経済はもはや「基地経済」ではないと言われることもある．しかしながら，そのようなメルクマールの下で沖縄経済がもはや「基地経済」ではなかったと評価されようとも，今日の沖縄経済の特質の少なくとも一部について，アメリカ統治期における沖縄経済の「基地経済」的性格からの連続性という視点から検討することの有効性は失われないだろう．

第2に，アメリカによる統治の下で，沖縄は日本（本土）から分離されたものの，終戦直後の一部の時期を除いては，経済面での結びつきは継続していた．日本（本土）が戦後復興から高度成長に至るのと同調して，沖縄もまた，戦後復興と「高度成長」を経験していた．この点で，アメリカ統治期の沖縄経済史研究は，戦後日本経済史を補完し，相対化する格好の素材となる．

アメリカ統治期の沖縄経済は，「基地経済」と性格づけられている．その性格の中心には，強権による土地の接収を基礎とした基地建設を前提とした，基地へ労働や商品を提供することの見返りに得た外貨（基地収入）によって，食料やその他商品を輸（移）入するという再生産構造がある．さらに，こうした再生産構造は，アメリカの布令を基礎にした，同時期の日本（本土）とは異なる固有の法制度によって規定されていた．

特に，後者の点は，アメリカ統治期の沖縄経済史研究においても検討されるべき大きな課題である．アメリカ統治期の沖縄は，本土法の適用を受けなかった．本書に関連する限りで述べれば，戦後日本農業が，食糧管理制度，農地改革，農業基本法を基礎として展開したのに対して，アメリカ統治期の沖縄では，食糧管理制度が廃止され，農地改革は実施されず，農業基本法も実現しなかった．米に関しては，沖縄独自の食糧米の流通・価格統制の仕組みとして，後述する琉球政府が，「米穀需給調整臨時措置法」（1959年），「稲作振興法」（1965年），「外国産米穀の管理及び価格安定に関する立法」（1965年）等を制定・施行していた．このような沖縄固有の制度が，当該期の沖縄の経済社会とどのように相互作用しつつ展開していったのかは，戦後沖縄経済史研究を進める上で重要な論点である．

しかしながら，本章第3節で見るように，アメリカ統治期の沖縄経済の特質のうち，基地収入を基軸とした経済再生産構造の点については，様々な論者が検討しているものの，その基礎となったであろう政策・制度の点につい

ては，先行研究で十分に検討されてきたとは言い難い．というのは，当該期の沖縄には，主な政策主体として2つの機関があった．アメリカの沖縄統治機関である琉球列島米国民政府（United States Civil Administration of the Ryukyu Islands: USCAR, 1950～1972年）（琉球列島米国軍政府（1945～1950年）が1950年12月に改組）と，USCARの下部組織として，かつ沖縄住民の自治政府として設立された琉球政府（1952～1972年）である[2]．このうち，USCAR政策史研究は比較的豊富な研究蓄積がある一方で，琉球政府の政策を主題とした研究はほとんどない．

琉球政府の経済政策が直接の分析対象とならなかった背景には，琉球政府の経済政策全般について，琉球政府が政策を形成・執行するにあたっては強い制約があり，そのために政策が実現したとしても有効なものとならなかったとする見方があった．まず，当該期の沖縄の政治的位置は，琉球政府が主体的（自律的）に経済政策を策定することを困難にした．沖縄内のステークホルダーのみならず，USCARや日本政府との経済的利害の調整が必要であった．また，琉球政府は担っていた行政機能に対して，財政基盤が弱かったことが指摘されている．そのため，政策執行のための財源をめぐる葛藤が不可避であった．これらの制約は，統治者アメリカの権力の強大さという文脈で強調された．さらに，当該期の沖縄では，アメリカや日本が主体となって経済開発が進められていた．琉球政府の経済政策には先述の制約があったこともあり，研究史の関心は，USCARや日本政府の経済政策に集中していた．

このような研究史が抱える問題の一つとして，アメリカ統治期の沖縄経済について，アメリカや日本によって規定された側面のみが強調され，沖縄側がどのように対応したのかという側面が抜け落ちてしまうことが挙げられる．事実，当該期において琉球政府は，多様な領域で政策を形成・執行していたのであり，それらは必ずしも統治者アメリカや日本の政策課題のみを反映したわけではなかったはずである．確かに，琉球政府はUSCARの下部組織と

---

[2] 琉球列島米国民政府（United States Civil Administration of the Ryukyu Islands），1950～1972年．琉球政府は，1952年布告第13号「琉球政府の設立」（1952年2月29日）に基づいて設置された自治政府であり，その機能は，1952年府令第68号「琉球政府章典」（1952年2月29日）によって定められた．USCARの長である民政長官ないし高等弁務官が，琉球政府の三権に対する拒否権を有した．

して設立されたという経緯があり，本章第3節で述べるように，USCARは琉球政府に対する「拒否権」を保有していた．しかしながら，同時に琉球政府は，沖縄住民の自治政府でもあった．USCARの下部組織としての性格と住民自治政府としての性格の狭間で，琉球政府はどのように主体性（自律性）を発揮し得たのかという問いは，経済史を含めた戦後沖縄史研究のみならず，今日の「沖縄問題」を考える上でも，十分に検討されなければならない課題である．

本書では，琉球政府の食糧米政策を事例として，琉球政府が先述の政治的・財政的制約を抱えつつも政策を形成・執行した過程を，実証的に明らかにする．それは，琉球政府の食糧米政策において，琉球政府の政策課題がどの程度反映されていたのか＝琉球政府の主体性（自律性）がどのように実現し得たのかを検討することでもある．その上で，そのようにして形成・執行された政策・制度が，基地収入を基軸とした沖縄経済の再生産構造とどのように関連付けられるのかを明らかにする．

最後に，本書で取り上げる琉球政府の食糧米政策について概観しておけば，以下の通りである．

沖縄では，戦前から稲作を行っていたが，自給分では需要量を賄うことができなかったため，日本（本土）や植民地朝鮮・台湾等から米を移入していた．戦後は，主にアジアやオーストラリア，アメリカから米を輸入しつつ，1970年以降は日本（本土）から移入するようになった．他方で，沖縄では1960年代初めまでは稲作が盛んに行われていたものの，1963年の旱魃をきっかけにして耕作地の多くがサトウキビ作へと切り替えられ，米の自給量が急減した．輸入米への依存度が高まったことで，外米輸入の安定化が求められた．こうした状況において，琉球政府の食糧米政策は，住民の需要量を賄う外米を安定的に調達することと，食糧供給の安定化と地域経済の保護を目的として沖縄内の稲作を保護することが目的であった．

本書の成果を先取りすれば，琉球政府は，食糧を含めた物資の輸入自由化によって住民の生活安定（治安の維持）を達成しようとするUSCARや，自国余剰米の処理のため沖縄の輸入米市場への進出を図る日米政府と対峙，交渉，妥協しながら食糧米政策を形成・執行していった．本書では，その過程

を琉球政府の主体性（自律性）に即して描き出すことを通して，アメリカ統治期の沖縄経済の一側面を描き出す．

2. 戦後沖縄の食糧米政策

本書の重要性を確認するために，本節で，戦後沖縄の食糧米政策の前提と課題，及び当時におけるその重要性を概観しておく．

まず，「基地経済」と称された戦後沖縄経済における，農業部門の位置を確認する．「基地経済」は，産業構成におけるアメリカ軍基地関連産業への依存度の高さや，それによって獲得したアメリカドルによって生活物資の輸入を行うという再生産構造によって特徴づけられる．当該期の沖縄経済の経常収支を表序-1で示した．受取についてみれば，総額に対する輸出額の比率が低かったことが注目される．一方で大部分を占めていたのは，米軍基地関連産業または軍用地料を通して沖縄に流入する米軍関係の収入であった．また，1963年に日本政府からの財政援助が開始されたことを契機として，1965年以降は政府援助の額が増大していった．

支払については，その多くを輸入額が占めていた．詳しくは第1章で述べるが，1955年以前の輸入額には，アメリカ軍による食糧を中心とした援助物資の輸入額が含まれていない．本表からは，輸入額総額が輸出額を大きく上回る水準にあったことが確認できるが，実際の両者の差はさらに大きかったと考えられる．

このように恒常的な入超状態であった沖縄では，貿易収支の赤字を，アメリカ軍基地関連産業からのドル供給によって賄っていた．しかしながら，経済規模の拡大によって輸入額がさらに増加したとしても，アメリカ軍基地関連産業からのドル供給をそれに応じて増大させることは困難であった．そこで，輸出産業の振興と，自給による輸入の代替が重要な課題となった．

こうした点に着目して，戦後沖縄経済における農業部門の位置を検討するため，表序-2で，沖縄経済における農林業の比重を示した．本表からは，「国民所得」に占める農林業所得の割合は，1955～1970年の15年間において，1955年度[3]25.7%から，1970年度には7.7%に低下したことを確認でき

表序 - 1　戦後沖縄の経常収支の推移

単位：百万ドル

年次		1950	1955	1960	1965	1970
受取	総額	9.1	74.8	132.3	242.7	555.0
	輸出	0.3	13.2	29.7	82.5	102.6
	政府援助	—	—	—	12.3	64.6
	米軍関係	8.8	49.9	78.4	105.5	295.2
支払	総額	3.1	67.6	132.9	240.9	508.3
	輸入	3.0	63.9	119.8	212.5	424.1
収支		6.0	7.2	-0.6	1.8	46.7

注：1) 原資料は，1955年以前は，「商業ドル資金勘定」の収支実績，1960年以降は琉球銀行調査部の推計値．なお，「商業ドル資金勘定」については，本書第1章参照．
　　2) 項目については，本文参照．なお，主要項目のみ記載したため，内訳の合計は総額と一致しない．
出所：琉球銀行調査部編『戦後沖縄経済史』琉球銀行，1984年，付属統計表，11-1より作成．

る．同時に，全産業就業者に占める農林業就業者数の割合も，52.8％から27.0％に低下した．これらの2点について同時期の日本（本土）と比較すると，まず，第1次産業が国民総所得に占める割合は，1955年度の22.7％から，1970年度の6.1％に低下しており，沖縄の数値とさほど変わらないといえる．しかしながら，全産業就業者に占める農林業就業者の割合では，1955年度には36.1％であったものが，1970年度では16.5％まで低下した．沖縄も日本（本土）も，この15年間に全産業就業者に占める農林業就業者数が半分程度になったことは同様だが，沖縄の方が，就業先としての農業の重要度が相対的に高かった．

　表序-2に戻り，貿易収支から農業部門の位置をみれば，まず，農産物が当該期の沖縄において重要な輸出資源であったことを確認できる．総輸出額に占める農産物輸出額の割合は6割を下回ることはなかったし，最も高かった1965年には8割を超えた．その中心であったのが，サトウキビを原料とした粗糖の日本（本土）への輸出であった．他方で，輸入についてもみると，総輸入額に占める農産物輸入額の割合は，1955年の3割台から1970年の1割台へとおおよそ低下傾向にあった．ただし，前掲表序-1でみた通り，総輸入額は年々拡大していたのであり，実績でみれば農産物輸入額も年々拡大

---

3) アメリカ統治期の沖縄の会計年度は，前年7月から当年6月までの期間である．すなわち，1955年度であれば，1954年7月〜1955年6月となる．

表序-2 戦後沖縄経済における農業の地位

単位：％

年度	1955	1960	1965	1970
農林業所得／国民所得	25.7	13.9	14.6	7.7
農林業就業者数／総就業者数	52.8	47.5	37.5	27.0
農産物輸出額／総輸出額	68.6	60.2	81.2	65.4
農産物輸入額／総輸入額	34.9	25.6	26.1	15.3

出所：琉球政府『沖縄農業の現状』1955～1967年度，4頁．及び同1970年度，4頁を参考に作成．

していた．その額は，およそ沖縄の総輸出額と同じか，またはそれを上回る水準であった．そして，そのうち最も輸入額の大きい品目の一つが，食糧米であった．この点で，農業，特にサトウキビ作及び稲作を振興することは，貿易収支の改善という点で重要な意味を持っていた．

以上を踏まえて，戦後沖縄の食糧米需給状況について概観する．食糧米の供給は，自給部分と輸入部分に分割できる．前者については，戦前以来沖縄では，水資源の利用の困難性や，台風の襲来などの自然的制約によって，食糧米の生産量は限られていた．そのため，需要分を満たす供給量を確保するためには，輸入米に大部分を依存せざるを得なかった．食糧米供給の自給部分を確認するため，戦前・戦後の沖縄における主要作物作付面積の推移を，図序-1で示した．本図により，沖縄農業の展開の中で稲作の状況を確認しながら戦後沖縄の食糧米需給状況について整理する．

戦前の状況を確認すれば，沖縄では耕地のおよそ半分で主食であった甘諸を作付けし，残りの半分で甘蔗や水稲を生産していた．自然的制約から，耕地面積に占める水田の割合は低く，食糧米の生産量は限定的であった．1935～1940年の平均[4]で，自給量は供給量の35％にとどまり，残りの65％を輸入で賄っていた．輸入米の数量は3万5000トンあり，その内訳は，およそ70％が台湾米で，本土米は8％に満たなかった．植民地米に供給量の多くを依存していた．

戦後初期には，沖縄内の食糧不足を背景として，甘諸・水稲など食糧作物の生産が重視された．特に稲作は，沖縄戦による荒廃や軍用地の接収などに

---

4) 戦前の沖縄県統計による．

8　序　章

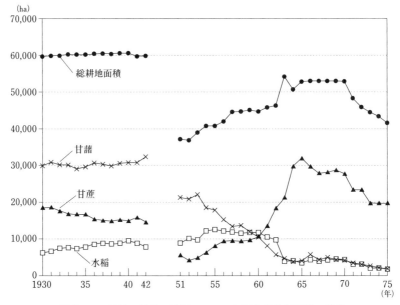

図序-1　戦前・戦後の沖縄における主要作物作付面積の推移

出所：加用信文監修，農林統計研究会編『都道府県農業基礎統計』農林統計協会，1983年，沖縄県の項より作成．

　よって総耕地面積が縮小したにもかかわらず，1950年代初めには耕地面積で，1955年代には生産量で，戦前水準をいち早く回復した．1950年代前半には人口が増加したことに伴い，需要量も増大したため，供給量に対する自給量の割合は戦前より低下し，26％となった[5]ものの，世界的に食糧需給が逼迫していたため，自給分を確保することは重要な課題であった．沖縄では，自給分で不足する供給量を，ビルマを中心としてタイ，韓国，台湾など，アジア諸地域からの外米輸入によって賄っていた．

　しかしながら，1950年代末から1960年代前半にかけて，「サトウキビ・ブーム」といわれたサトウキビ作熱の高まりを経験して，沖縄の食糧需給状況は大きく転換した．食糧作物がサトウキビに置き換えられていく中で，稲作は，1963年の強度の旱魃を契機として，急激に縮小した．表序-3の通り，

---

[5]　琉球政府『沖縄要覧』第1巻，1958年，265頁第2表の1951〜1955年における輸入米・生産米数量から算出．

表序-3 外米輸入と島産米生産及び仕入先別比率の推移

単位：トン，％

1960年次		1965年次		1970年度	
島産米生産量	28,285	島産米生産量	7,208	島産米生産量	9,846
外米輸入量	57,003	外米輸入量	88,564	外米輸入量	82,355
内訳	比率	内訳	比率	内訳	比率
ビルマ	55.02	アメリカ	67.28	アメリカ	42.98
スペイン	14.46	オーストラリア	13.24	オーストラリア	28.98
アメリカ	12.32	—	—	日本	21.82
合計	85,288	合計	95,772	合計	92,201
輸入依存度	66.84	輸入依存度	92.47	輸入依存度	89.32

注：1）数量は白米換算．
　　2）1960，1965年は年次，1970年のみ年度の数値．
出所：琉球政府『琉球統計年鑑』各年版，及び同『沖縄要覧』1970年度より作成．

　島産米[6]生産の減少に伴い，1960年代中盤以降は，供給量の約90％を外米に依存するようになった．この外米を供給していたのが，当該期沖縄を統治していたアメリカであり，食糧援助方式を組み込みつつ，加州米[7]を中心とした自国農産物の沖縄への輸出拡大を図った．その後，1970年には，米余り問題を抱えていた日本本土が沖縄へ余剰米の供与を開始し，沖縄の食糧供給は，「復帰」を前提として，日本（本土）の食糧管理制度と結びつけられることになった．

　こうした状況下において，戦後沖縄の食糧米政策の課題は，次の2点にあった．第1に，需要量を満たすだけの供給量の確保が最優先された．戦後～1950年代前半には，世界的な食糧米需給が逼迫していたために，需要分の食糧米を海外から調達することは，住民の生存のために極めて重要な課題であった．しかしながら，外米への依存度の高まりを与件として，1960年代中盤以降は，アメリカや日本の農産物輸出戦略によって，沖縄の外米輸入政策は大きく左右された．

　第2の課題は，外米から島産米を保護することであった．自給度を引き上

6）「島産米」は，当時の用語で沖縄内において生産された食糧米を指す．以下，断らず用いる．なお，「島内稲作」も同様に，沖縄内の稲作を指す．

7）アメリカカリフォルニア州の産米．詳しくは第3章で述べるが，当該期を通して沖縄では，ビルマ米と並び最も輸入された外米であった．以下，当時の呼称である「加州米」を断りなく用いる．

表序 - 4 　地域別稲作農家戸数

単位：戸，％

年次	項目	全沖縄	沖縄島			先島	
			北部	中部	南部	宮古	八重山
1964	全農家	77,129	18,467	22,279	21,122	9,657	5,604
	稲作農家	17,710	9,171	2,676	3,799	20	2,044
	稲作農家比率	23.0	49.7	12.0	18.0	0.2	36.5
1971	全農家	60,346	14,454	16,758	16,751	8,467	3,916
	稲作農家	7,056	4,183	163	1,444	0	1,266
	稲作農家比率	11.7	28.9	1.0	8.6	0.0	32.3

注：1971年の地域別稲作農家戸数は，1964年の地域区分に基づいて再集計した数値である．
出所：「農業センサス」1964年，1971年より作成．

げ，外米の輸入量を減らすことは，食糧需給の安定という点のみならず，貿易収支の点からも重要な課題であった．特に，1960年代以降良質で安価な外米の輸入が急増したために島産米の価格が低下すると，島産米保護政策の要請がいっそう強まることになった．

当該期における食糧米政策の第2の課題について，さらに検討しておく．沖縄内の農家戸数の推移を，表序-4で示した．同表から確認できるように，総農家戸数は，約93,000戸（1950年）から，約77,000戸（1964年），約60,000戸（1971年）へと，アメリカ統治期を通して減少傾向であった[8]．このうちの稲作農家の戸数は，約18,000戸（1964年）から，約7,000戸（1971年）であり，総農家戸数の推移と比較しても，急激な減少であった．1963年以前の稲作農家戸数については不明であるが，1959年には，沖縄内の農家の約4割が稲作農家であるといわれていた[9]．

これを踏まえれば，1959年に40％であった稲作農家の比率は，先述した1963年の旱魃を契機として，1964年に23.0％，1971年には11.7％に低下したといえる．しかしながら本表で示したように，沖縄内でも特に沖縄島北部及び八重山において，稲作農家の比率が高かった．当該期の沖縄経済におけるアメリカ軍基地関連産業の比率の高さについては先述したが，アメリカ軍

---

8) 当該期沖縄で実施された農業センサスによる．
9) 当銘由憲（経済局次長）の発言．「第14回議会（定例）立法院経済公務委員会議録」第65号（1959年5月27日）．

基地は沖縄島中南部に集中していたため，所得水準の格差が地域によって生じることになった．農業，とりわけ稲作を保護することは，基地関連産業を中心とした労働市場へのアクセスが困難であった沖縄島北部や離島部に対する社会政策として，重要な意味を持った．

以上で示したように，戦後沖縄の食糧米政策は，住民の生存のための食糧の確保を前提として，貿易収支の改善，食糧自給度の維持，農業保護など多様な論点を抱え，当該期に自治政府として設立された琉球政府農政の中心的課題の一つであった．

3. 研究史

本節では，本書の研究史上の位置を確認するため，アメリカ統治期の沖縄経済史を対象とした研究状況を整理する．その際，本書の分析対象が琉球政府の経済政策であることを踏まえて，次のような二つの視角から研究史に接近する．一つは，戦後アメリカ統治期の経済史研究における経済政策・制度に関する研究史であり，もう一つは，アメリカ統治という政治経済空間における琉球政府という機関の性格に関する研究史である．

経済史研究に限らず，戦後アメリカ統治期の沖縄史研究についての研究史をまとめた成果として，櫻澤及び川手による整理を得る[10]．経済史領域に限れば，近年の成果ではないものの，今村が1981年に研究史の整理を行っている[11]．以下では，これらの成果を踏まえながら研究史を概観し，本書を位置づける．

3.1 アメリカ統治期の沖縄経済史についての研究状況

はじめに，アメリカ統治期の沖縄経済史についての研究状況を概観すれば，研究関心と方法によって，2期に区分することができる．第1期（1960年代

---

10) 櫻澤誠「沖縄戦後史研究の現在」『歴史評論』第776号，2014年．川手摂『戦後琉球の公務員制度史——米軍統治下における「日本化」の諸相』東京大学出版会，2012年．
11) 今村元義「沖縄における基地経済——復帰後の沖縄経済の特徴付けに関連して」『商経論集』第9巻第2号，1981年．

終盤〜1990年代中盤)では,複数の研究者らによって,日本資本主義ないしアメリカ帝国主義との関連を強く意識しながら,沖縄経済史の全体像を描き出すことが試みられた.第2期(1990年代終盤〜)では,産業の発展過程や財政・金融制度など,それぞれのテーマについての実証研究の成果が提出された.その中には,それまで必ずしも沖縄をフィールドにしていたわけではない経済史研究者らがアメリカ統治期の沖縄に固有の経済制度へ関心を寄せ,分析を行った成果も含まれる.

戦後沖縄政治史を主に研究している櫻澤は,戦後沖縄史研究の成果を整理した際,研究関心や手法が1995年前後で大きく転換したことを取り上げ,その要因として,社会主義体制の崩壊と日本歴史学の転換,米兵による少女暴行事件を契機とした沖縄史への注目の高まり,沖縄県公文書館の設立による資料環境の整備という3つの出来事が1995年前後にあったことを指摘した[12].経済領域の研究史においても,こうした要因に影響を受け,研究関心や手法が1990年代中盤で異なったものと考えられる.

さて,第1期から,個別の研究成果を見ていく.まず,アメリカ統治期の沖縄経済史についての最も早くからの研究者の一人として,吉村朔夫が挙げられる.吉村は,1966年以来,当該期の沖縄を「軍事植民地」として性格づけ,統治を通した経済的搾取・収奪構造を指摘してきた[13].「軍事植民地」とは,原料,商品,資本輸出市場としての経済的価値ではなく,軍事基地の「安上り維持」を目的とした「軍事植民地の経済的,物質的基礎」が沖縄経済の基本的性格であることを指す.吉村は,こうした沖縄経済のいわば「基地経済」的性格について,具体的には,①「産業構成の奇形的旋回」(基地収入に寄生する第3次産業の肥大化),②「貿易収支構成」(軍事的要請が強行した民間貿易は,食糧・生活資料の急激な輸入増加であり,島内の消費材工業の停滞・

---

12) 櫻澤「沖縄戦後史研究の現在」.ただし,櫻澤自ら断っているように,経済史研究の成果はほとんど取り上げられていない.
13) 吉村朔夫「沖縄経済論ノート――軍事植民地の経済的支配」『経済評論』第15巻第14号,1966年.同「沖縄経済論ノート――新植民地主義的支配の特殊的構成をめぐって」『経済学論集』第3号,1967年.これら以降の成果を加えて,のちに,吉村朔夫『日本辺境論叙説――沖縄の統治と民衆』御茶の水書房,1981年としてまとめている.本項での吉村の研究成果は,この著書に基づく.

衰滅を推し進める），③「国際収支構成」(「基地収入→産業構成旋回→物的生産力の萎縮→輸入増大→貿易赤字→国際収支悪化→基地収入」という不断の基地収入の膨張を動員とする悪循環の結果，貿易赤字が恒常化すること）の3点から捉えている．吉村の問題関心の鋭さは，沖縄経済史を一般化する試みとして表れている．すなわち，戦前または「復帰」後の日本資本主義や，アメリカ帝国主義との関係を念頭に，沖縄を，現代資本主義の不可欠の構成要素として再生産される「辺境」として描き出した．吉村の研究は，世界史的な資本主義の発展段階の中に沖縄を位置づける視座を提示したという点で，先駆的な業績であったと評価できよう．

他方で，吉村からやや遅れて研究をスタートしたのが，来間泰男である．来間は，吉村と同じく，アメリカによる沖縄統治をアメリカ帝国主義による植民地的支配として把握するものの，沖縄経済については，より総合的に検討することを提唱する．すなわち，沖縄経済の特質を，①国民経済の一構成部門でありながら，強力によって孤立させられている，②膨大な軍事基地建設によって「基地経済」とされている，③戦前における生産力水準の低位性と，それと因果関係にある経営の零細性が引き継がれている，という3点で捉えるべきと主張する．さらに，それら3点は無関係ではなく，「相互に原因になり，また結果になるというかたちで強められつつ，そのようなものとして，アメリカ帝国主義の軍事占領支配のもとでの沖縄経済の特質をなしている点が重要である．」と指摘する．

来間は，吉村ほどにアメリカ帝国主義による沖縄経済の規定性を評価しない．吉村がアメリカによる沖縄統治の収奪的性格をやや強調する一方，来間は，沖縄の「後進性」，特に生産力水準が低位にあったことで，収奪の対象とならなかったことを強調する[14]．さらに，吉村に対しては，基地収入があるから第3次産業が肥大化（産業構成が旋回）するのではなく，「アメリカ軍の占領開始に伴う土地の軍用地としての収奪と，物的生産力を順次的に発展

---

14) 来間は，1971年の論文において「アメリカ帝国主義による植民地的支配」という把握を打ち出したが，その積極的収奪については，1990年の論文で否定する立場をとった．来間泰男「日本農業の未来の縮図か」『経済評論』第20巻第10号，1971年．同「復帰後の保護農政と沖縄農業の発展」（中野一新・太田原高昭・後藤光蔵編『国際農業調整と農業保護』農山漁村文化協会，1990年）．

させるのではなく必要物資を主として本土からの輸入に頼るという政策の結果としてもたらされたもの」であり，基地収入はその購買力の裏づけであったこと，第3次産業の肥大化が物的生産力を委縮させる側面は限定的であること，「国際収支が悪化するからといって，基地収入が増大する必然性はな」く，「そのようにアメリカ軍は沖縄経済を経営したのではないし，その力量もなかった」ことを挙げて，批判した[15]．

沖縄経済の発展過程におけるアメリカ帝国主義の規定性をめぐって，若干のずれはあるものの，吉村や来間の研究は，アメリカによる沖縄統治を，帝国主義段階における資本主義の矛盾が表出したものとして捉えるという点では共通している．日本資本主義やアメリカ帝国主義との関連を問うた視座は，今日においても継承されるべき重要な論点であると思われる．

ところで，吉村や来間の研究においては，経済政策・制度はどのように把握されていたのか．両者とも共通するのは，アメリカの沖縄統治政策においては，軍事基地機能の維持が最優先であり，経済政策はそれに従属するものであったという前提である[16]．その上で吉村は，経済的搾取と同時にその搾取的性格を隠蔽する性格を看取した．他方で来間は，アメリカ統治下の農業政策の特質を，「農業政策がないのがアメリカの農業政策だったのである」と表現した[17]．その含意は，①農地改革が行われず農地法も制定されなかったこと，②農民保護的な農産物価格支持政策がほとんどなかったこと，③「自由化」体制の下で外国産農畜産物の輸入がほとんど無制限であったことの3点において，日本（本土）とは逆の否定的な形であったということである[18]．吉村がアメリカによる沖縄統治において経済政策が積極的に動員され，それを通して沖縄経済が規定されていった側面を強調するのに対して，来間は，政策・制度による沖縄経済の規定性をそれほど評価せず，むしろ低開発的な側面を問題視することに特徴がある．

ただし，吉村，来間ともに，個別の経済政策・制度の形成過程や経済を規

---

15) 吉村著作への書評（来間泰男「書評　吉村朔夫著「日本辺境論叙説――沖縄の統治と民衆」」『土地制度史学』第25巻第2号，1983年）による．
16) 来間泰男『沖縄の農業――歴史のなかで考える』日本経済評論社，1979年，116頁．
17) 来間「日本農業の未来の縮図か」．
18) 同上．

定する局面について実証的な検討を行ったわけではなく,あくまで総体的な把握を行ったにとどまる.こうした接近方法の背景には,資本主義の段階を経済政策の特徴によって把握するというマルクス主義歴史学の方法論からの影響と,当時は研究資料へのアクセスが整備されておらず,1次資料を用いて経済の実態や政策の形成過程に接近することが困難であるという事情もあった.当時アメリカの沖縄統治資料は国立アメリカ公文書館でのみ閲覧可能であり,現在のように沖縄関係資料群の所在も定かではなかったため,資料の収集は容易ではなかった.また,後述する琉球政府資料についても,沖縄内に散逸して保管されていたという資料的制約があった.

第3に取り上げる牧野浩隆の研究は,こうした制約を乗り越え,国立アメリカ公文書館の資料を利用した貴重な成果であった[19].牧野は,同館の資料に加えて,アメリカ統治期の沖縄で中央銀行的位置にあった琉球銀行の資料を利用して,アメリカ統治期におけるアメリカの沖縄統治政策の展開を,経済政策に注目して分析した.

牧野の研究の重要な貢献の一つは,反基地運動や「復帰」運動に対して,アメリカが資本と貿易の自由化(=「自由化体制」,第3章で詳しく取り上げる)の下での経済開発を通して住民を懐柔しようと試みた過程を,実証的に検討した点にある.先述した吉村や来間の研究においても,軍事活動の維持により不可避的に生じる沖縄住民との摩擦を緩和するという性格を,当該期の経済政策・制度が持っていた側面について言及されていた.そのように動員されていった政策・制度を,「経済主義的統治政策」として析出し,その展開を実証的に明らかにしたことを通して,アメリカの沖縄統治政策の中で経済政策が位置づけられることになった.牧野の研究に対しては,「経済主義的統治政策」という用語についての批判や,出典資料の一部が不明瞭であるという批判もあるものの[20],今なお,アメリカ統治期における経済政策や経済

---

19) 琉球銀行調査部編『戦後沖縄経済史』琉球銀行,1984年.その大部分を,牧野が執筆した.なお,同時期より以前からアメリカの1次資料を利用して出された政治史研究の成果として,我部政明『日米関係のなかの沖縄』三一書房,1996年,宮里政玄『日米関係と沖縄:1945-1972』岩波書店,2000年を得る.特に後者は,国務省・国防省などのアメリカ内のステークホルダーの関心の相違に着目してアメリカの沖縄統治政策の形成過程を明らかにした重要な成果である.

データについての資料としての評価は高い．

沖縄経済史研究の第1期（1960年代終盤〜1990年代中盤）においては，およそ以上で述べた流れによって，アメリカ統治期の経済政策・制度の位置づけが試みられてきた[21]．しかしながら，専らアメリカの（沖縄統治）政策に関心が集中したことによって，もう一つの政策主体であった琉球政府による経済政策は，分析の俎上に載せられることはなかった．この点については，戦後沖縄史の検討を先導していた政治史・運動史の領域の成果と共同し，専横的な軍権力が直接沖縄住民と対峙していたとする枠組みを固定化することになった側面を持っているといえよう．運動史研究を牽引していた新崎盛暉は，軍雇用員や公務員の労働権をめぐって，USCARと沖縄住民が鋭く対決した過程を明らかにした[22]．こうした枠組みにおいては，沖縄住民の自治政府として設立された琉球政府が積極的に取り上げられることはなかった．こうした見方の与件となっていたのは，USCARが琉球政府に対して「拒否権」を有していたという制度である．この時期の研究では，アメリカ軍対沖縄住民という対立構図を前提としており，「拒否権」についても，統治機関USCARの権限の強大さという文脈で注目された．こうした文脈においては，琉球政府は，「拒否権」を通してUSCARの下部機関としてみなされるにとどまった．先述の三者の研究においても，このような視角が共有されていたと思われる．

20) 来間泰男「書評『戦後沖縄経済史』琉球銀行調査部編——アメリカ軍占領下沖縄経済研究の画期的成果と残された課題」『沖縄史料編集所紀要』第10号，1985年．
21) ここで取り上げることができなかった重要な成果として，松田賀孝『戦後沖縄社会経済史研究』東京大学出版会，1981年を得る．松田の成果は，「終戦から日本復帰までの沖縄戦後史を経済の展開を基軸に考察」したものである．その際，①客観的事実関係を踏まえた科学的な歴史叙述の構築，②歴史的諸事実を根底において規定しているプリンシプルの抽出，③経済と政治の有機的対応関係，④ドル体制の歴史的変遷過程に留意しながら，「小国の経済」にもかかわらず，「地域経済から国際経済に至るあらゆる次元の経済問題が包含されており，しかも経済と政治が混然一体となってダイナミックな展開を示している」沖縄経済を描き出した．著者自ら「全般にわたる概要の紹介は事実上不可能」と述べるほど多岐にわたる経済・社会領域のテーマを扱っていることは，総合的に沖縄経済史を捉える一つの試みではある．ただし，今日における研究蓄積は，同書を位置づけることができるほど豊富ではないように思われる．同書の評価については，今後の研究史の進展を待ちたい．
22) 新崎盛暉『戦後沖縄史』日本評論社，1976年．

さて，研究史の第2期（1990年代終盤～）の成果として，まず友利廣による成果を見る．友利の研究は，戦後沖縄におけるセメント製造業の事業化過程を取り上げ，産業発展の条件を論じたものである[23]．戦後沖縄において，近代的企業が戦前期に成立し得なかったということを与件として，アメリカ統治期にセメント事業に代表される近代的企業が形成される過程を，企業側の主体に即して描き出した．注目されるのは，前出の3つの研究成果のうち，牧野の成果は引用されたものの，単なる事実の提示としてのみ利用されたに過ぎなかったことである[24]．こうした友利論文の立場を示すのが，「結語」における，「近代的企業経営という観点から戦前期を論ずるとするならば，辺境の地にあった沖縄がわが国の近代化を推し進めるための踏台となっていたことは明らかであろう．」としながら，「しかし，戦前期の負の遺産を論ずることが本論の目的ではなかった．」という記述である．先述した1995年以前の研究史のような，沖縄経済を日本資本主義やアメリカ帝国主義による規定性を中心に論じる立場との距離が読み取れる．

　櫻澤は，1995年ごろに戦後沖縄史研究の研究関心と手法が転換した要因の一つとして，社会主義体制の崩壊と日本歴史学の転回を挙げていた．それを踏まえれば，友利の先述のような沖縄経済に対する見方は，こうした転換が戦後沖縄経済史研究に対して影響を与えたことを示唆していると言えよう．

　沖縄経済史研究の第2期の特徴の一つが，資本主義への関心の後退にあるとすれば，もう一つは，個別の領域についての実証研究が進展したことである．池宮城秀正は，琉球政府財政，市町村財政や教育区財政など公共部門の経済活動を広範に検討した[25]．宮地英敏は，アメリカ統治期における電力事業の特徴である発送電分離について，制度の形成過程を実証的に検討した．星野智樹は，ドル通貨制の下での信用創造のメカニズムを論じた[26]．また，USCARによる労働政策の1960年前後における転換過程について，国際自

---

23) 友利廣「戦後沖縄経済復興期の技術導入と伝播構造」『沖大経済論叢』第22巻第1号，2000年．
24) 同上．戦後の経済復興とアメリカによる援助プログラムがガリオア援助からエロア資金の投入へと切り替えられた過程について，前掲『戦後沖縄経済史』より引用している．
25) 池宮城秀正『琉球列島における公共部門の経済活動』同文舘出版，2009年．

由労連の介入に着目して検証した古波藏契の成果もある[27]．

近年の沖縄経済史研究では，以上のような成果を得ながら研究蓄積が進められつつあるが，池宮城を除けば，琉球政府の経済政策についてはほとんど検証されていない．池宮城の研究の貢献の一つは，財政制度や租税制度の構築に際して，琉球政府がUSCARの方針に反抗し，「復帰」を見据えて日本的な租税制度を構築したと指摘した点である．この点は，USCARの「拒否権」による琉球政府行政に対する絶対的な規定性を与件とした第1期の研究史を総合化するための鍵となる，重要な論点である．惜しむらくは，池宮城の研究テーマが広範であったために，琉球政府とUSCARの交渉過程についての実証的な検証はほとんどされていない[28]．琉球政府とUSCARそれぞれの政策課題の下で，沖縄固有の政策・制度が展開した過程についての実証的な検討は，研究史の課題として残されている．

3.2 琉球政府についての研究状況

ここでは，琉球政府についての研究史を見る．前項で述べたように，沖縄経済史研究においては，池宮城を除き，琉球政府の経済政策・制度についてほとんど検討されていない．戦後沖縄史研究全般においても，琉球政府はかなり新しい研究領域であり，その成果も十分にあるとは言えない．そこで，戦後沖縄史研究において琉球政府への注目が高まった背景を述べながら，本書の課題に関連する成果を概観する．

琉球政府研究の一つの文脈は，沖縄の主体性（自律性）をめぐる関心に連なるものである．1995年の少女暴行事件や，その後今日まで続く普天間基地の移設問題を背景として，沖縄の自治のありようをめぐる問いがアカデミズムの中でも活発化した．他方で，沖縄県公文書館の設置により，琉球政府

---

26) 宮地英敏「アメリカ統治下の沖縄における発送電と配電の分離について」『エネルギー史研究』第28号，2013年．星野智樹「第二次世界大戦後の米国統治下における沖縄の通貨制度──1958年〜1972年の「ドル通貨制」を中心に」『立教経済学論叢』第82号，2016年．

27) 古波藏契「沖縄占領と労働政策──国際自由労連の介入と米国民政府労働政策の転換」『沖縄文化研究』第44巻，2017年．

28) 池宮城『琉球列島における公共部門の経済活動』第3・4章．

の行政資料へのアクセスが容易になった．先述の池宮城による琉球政府財政の研究の他にも，重要な成果として，琉球政府の自治が当時抱えていた政治的制約＝USCARの「拒否権」についての実証として位置づけることができる，川手摂と澤田佳世による2点の研究を得る[29]．川手は，琉球政府及び公社の人事制度の展開を検討し，琉球政府がアメリカの制度ではなく，戦前・戦後の日本（本土）の制度を積極的に参照しつつ制度を形成したこと，この過程でUSCARの容喙はほとんどなかったことを明らかにした．これに対して澤田は，琉球政府が日本（本土）的な優生保護法の導入を試みるも，USCARの反対によって実現しなかったことを指摘した[30]．これらの成果は，従来絶対的だとして評価されていた「拒否権」を相対化し，領域によっては，琉球政府が独自に政策を形成・展開できた可能性を示すことになった．

琉球政府研究のもう一つの文脈は，戦後沖縄政治史研究の蓄積に連なる．「復帰」運動を担う革新勢力の政治史的検討が進む中，近年では，櫻澤や平良好利に代表される若手の研究者らによって，保守勢力についても研究が蓄積されつつある[31]．保守勢力による「自立経済」構想が，日本政府やUSCARとの相互作用の中で展開していく過程を描き出した櫻澤の成果は，本書の課題とも関連するものである[32]．また，尖閣諸島の資源開発構想についても，宮地や秋山道宏，ロバート・D・エルドリッヂらによる研究蓄積がある[33]．いずれも，政治過程の分析が中心であり，現実の沖縄経済との関係はやや希薄ではあるものの，日本政府やUSCARによる容喙により限界づけられつつも，琉球政府を主体として経済開発構想を描き出したことは，戦後

---

29) 川手『戦後琉球の公務員制度史』．澤田佳世『戦後沖縄の生殖をめぐるポリティクス——米軍統治下の出生力転換と女たちの交渉』大月書店，2014年．
30) ただしUSCARは，一度は優生保護法を承認したものの，「USCAR婦人クラブ」の強い反対を受け，交付の直前に拒否に転じた．この背景を含めた詳細については，澤田『戦後沖縄の生殖をめぐるポリティクス』第4章を参照．
31) 櫻澤誠『沖縄の復帰運動と保革対立——沖縄地域社会の変容』有志舎，2012年．平良好利『戦後沖縄と米軍基地——「受容」と「拒絶」のはざまで：1945～1972年』法政大学出版局，2012年．小松寛『日本復帰と反復帰——戦後沖縄ナショナリズムの展開』早稲田大学出版部，2015年．
32) 櫻澤誠「沖縄の復帰過程と「自立」への模索」『日本史研究』第606号，2013年．同「沖縄復帰前後の経済構造」『社会科学』第44巻第3号，2014年．

沖縄経済史研究においても沖縄の主体性(自律性)という視座が有効である可能性を示唆すると考えられよう．

本書の課題を改めて述べると，戦後沖縄における食糧米政策の展開過程を，沖縄，アメリカ，日本の三者の政策課題に着目しながら実証的に明らかにすることである．以上のような研究史を踏まえれば，本書は次のように位置づけることができるだろう．

第1に，これまでほとんど蓄積のなかった琉球政府による経済政策・制度についての実証的な研究である．先述のように，戦後沖縄経済史においてはアメリカによる経済政策に専ら分析が集中していた．戦後沖縄経済史を総合的に捉える上で，琉球政府による経済政策・制度についての研究の進展は欠かせないが，本書はその嚆矢となるものである．

第2に，琉球政府の主体性(自律性)を検討する上での重要な事例となる．澤田や川手の研究からは，政策領域によってUSCARの容喙に濃淡があることが示唆されるが，個別政策についてこうした視座から検討した成果が乏しいため，研究史上の課題として残されている．また，経済領域においては，アメリカ軍基地機能の維持だけでなく，アメリカの経済的利害が沖縄における政策・制度の展開に影響を与えた可能性もある．さらに，アメリカ統治の時期によって，琉球政府と日本政府やUSCARとの関係性は変容するのであり，それに応じて琉球政府が発揮し得た主体性(自律性)も当然変容するものと考えられる．こうした点を検討するにあたり，本書は格好の素材となる．

最後になったが，琉球政府の食糧米政策については，いくつかの成果がある．まず，村山盛一が，アメリカ統治期における食糧米管理制度と米価の変遷を整理した成果を得る[34]．また，戦後初期から沖縄での食糧配給に関わっ

---

33) 宮地英敏「沖縄石油資源開発株式会社の構想と挫折——尖閣諸島沖での油田開発が最も実現に近づいた時」『経済学研究』第84巻第1号，2017年．秋山道宏「日本復帰前後の沖縄における島ぐるみの運動の模索と限界——尖閣列島の資源開発をめぐる運動がめざしたもの」『一橋社会科学』第4号，2012年．ロバート・D・エルドリッヂ『尖閣問題の起源——沖縄返還とアメリカの中立政策』名古屋大学出版会，2015年．

34) 宮里清松・村山盛一「稲」(沖縄県農林水産行政史編集委員会編『沖縄県農林水産行政史』第4巻(作物編)，農林統計協会，1987年)．なお，『沖縄県農林水産行政史』は，以下『行政史』と略す．

ていた沖縄食糧株式会社の社史からは，外米を対象とした食糧米政策について，統治期を通じてより詳細な情報を得ることができる[35]．特に，1970年次から開始された日本政府による余剰米の沖縄への供与については，まとまった記述がある唯一の資料となる．

また，島内稲作についての研究の中で食糧米政策に言及した研究として，勝連哲治による同時代の成果を挙げることができる[36]．勝連は，外米依存の食糧需給政策の下で「良質安価」な外米との価格競争によって島産米の価格が低下し，島内稲作が縮小したと述べた．この勝連の記述を引いた上で，さらにPL480による加州米の輸入が行われたことを指摘したのが，来間による研究であった[37]．

ただし，これらの成果のいずれにおいても，政策の形成過程や，米価の決定過程を含む執行過程については検討されていない．琉球政府による食糧米政策の研究という点でも，本書はオリジナルの研究であることを断っておく．

4. 本書の分析視角と構成

本書の課題を改めて述べれば，戦後沖縄の食糧米政策の展開過程を，沖縄，アメリカ，日本の三者の政策課題に着目して明らかにすることであった．その際，時期別の三者の政策課題の変容に特に留意する．このためには，琉球政府をはじめとした諸行政機関の行政資料を用いて，琉球政府，USCAR，日本政府の政策課題を明らかにする必要がある．そこで本書では，琉球政府の食糧米政策の展開過程を，沖縄県公文書館所蔵の「琉球政府文書」「アメリカ文書」を中心に利用して，分析を行う[38]．

時期区分と分析視角について述べておく．戦後沖縄における食糧米政策の制度を中心に作成した年表を，表序-5で示した．本書では，対象時期であ

---

35) 沖縄食糧株式会社『沖縄食糧五十年史』沖縄食糧株式会社，2000年．
36) 勝連哲治「アジアの稲作と食糧事情」（美土路達雄編『米――その需要と管理制度』現代企画社，1969年）．なお他にも島内稲作や島産米買上事業について言及のある研究として，丸杉孝之助『沖縄農業の基礎条件と構造改善』琉球模範農場，1971年，を得るが，食糧米政策という視点に限定したことから，注で紹介するにとどめておく．
37) 来間『沖縄の農業』．

表序-5　戦後沖縄の食糧米政策についての年表と時期区分

時期区分	年次	主な出来事
第1期	1945	終戦，アメリカ軍による配給開始
	1950	USCAR 設立
	1952	琉球政府設立，配給業務の琉球政府への移管
	1953	配給制度廃止
第2期	1959	米穀需給調整臨時措置法の制定
第3期	1963	食糧米政策の「自由化」
第4期	1965	稲作振興法，米穀管理法の制定
	1968	琉球政府行政主席公選の実現
第5期	1970	本土米供与の開始
	1972	日本「復帰」

るアメリカの沖縄統治期を，本表のように第1期～第5期に時期区分する．表で掲げた制度の変遷が，時期区分の根拠である．

　結論を先取りし，時期別の三者の政策課題を単純化して示せば，表序-6の通りである．「単純化」としたのは，本表で掲げた政策課題に対して，三者それぞれの内部でも利害関心に相違があったことによる．第4章で見るように，特に，琉球政府内では，食糧需給の安定化や農家経済保護という点で島内稲作の保護を目指した経済局農務課，外米の安定供給を重要視し，その結果として島内稲作が縮小することもやむを得ないとする経済局商工課や，琉球政府予算を管理しており島産米価格補償費の増大に反対する企画局があった．また，第5章でみるように，琉球政府の長である行政主席は，1968年まではUSCARによって任命されていたことから，USCARの政策課題をある程度汲む立場にあった一方，公選によって選出されるようになってからは，琉球政府の政策課題に沿う立場へと変化した．本書では，戦後沖縄の食糧米政策について，こうした利害関心の入れ子構造にも留意しつつ，分

---

38) 沖縄県公文書館所蔵の行政資料のうち，大部分を占めるこれら2つの文書について補足する．「琉球政府文書」は，琉球政府の行政資料であり，「復帰」に伴う琉球政府解体後，沖縄県庁，沖縄史料編集所，沖縄県立図書館における保管を経て，沖縄県公文書館に移管されたものである．他方の「アメリカ文書」は，国立アメリカ公文書館や各大統領図書館などが所蔵するUSCARの行政資料または，沖縄に関係するアメリカ政府の行政資料を，沖縄県公文書館が中心となって，ゼロックス・コピーやマイクロフィルム撮影によって収集し，沖縄で公開しているものである．

表序-6　時期別の沖縄の食糧米政策をめぐる三者の主要な政策課題

時期区分	食糧米政策をめぐる政策課題		
	沖縄	アメリカ	日本
第1期 1945～1958年	供給量の確保	食糧需給の安定	—
第2期 1959～1962年	島内稲作保護	経済開発（「自由化体制」）	輸出奨励（砂糖など）
第3期 1963～1964年	保護の後退	加州米輸出	
第4期 1965～1969年	保護の再強化		
第5期 1970～1972年	輸入米の本土米による代替	加州米市場の保護	過剰米処理

析を行う．

本書では，章ごとに各期を取り上げることとする．各期の特徴と解明すべき課題について述べると，次のようになる．

まず，第1期（1945～1958年）は，終戦後，琉球政府による食糧米行政が本格化する前の時期である．アメリカによる沖縄の統治体制が動揺しつつも構築されていった．他方で，食糧需給状況としては，大戦による食糧生産に対する打撃から東アジアでの食糧米生産が復興していく時期であった．アメリカによる統治体制の構築過程と食糧米政策がどのように関わりつつ展開したのかを明らかにすることが，第1章「食糧米供給不足下における需給調整政策：1945～1958年」の課題となる．

第2期（1959～1962年）は，世界的な食糧需給が緩和したことで，良質な外米の流入が増大し，結果として島産米価格が低下した．琉球政府は，島内稲作保護を課題とする一方，USCARは「自由化体制」による経済開発を打ち出した．第2章「米穀需給調整臨時措置法をめぐる琉米間の対立と妥協：1959～1962年」では，両者の対立と妥協を経て，米穀需給調整臨時措置法が形成される過程と，その下での食糧米政策の展開を検討する．

第3期（1963～1964年）は，先進国において余剰農産物の処理が問題となる中で，アメリカ側では新たに加州米の輸出増大という政策課題が表面化した．「自由化体制」の下で，食糧米の輸入についても従来の統制を緩和（「自

由化」)することを求めた．他方で，日本政府は日本農業と沖縄農業との分業関係——砂糖原料の生産地としての位置づけ——を追求し，琉球政府も，サトウキビを中心とした農業構成への再編を目指したために，島産米の保護という点では後退した時期であった．第3章「日米政府の政策課題を受けた食糧米政策「自由化」への転換：1963～1964年」では，食糧米政策の「自由化」に至る政治過程と，「自由化」の結果として食糧米政策が再編される過程を解明する．

第4期（1965～1969年）では，第3期の結果として生じた島内稲作の急減を背景として，琉球政府は島産米保護の強化を図り，稲作振興法及び米穀管理法（外国産米穀の管理及び価格安定に関する立法）を策定した．アメリカは，加州米輸出が「自由化」の下で継続する限りでこれを静観していた．第4章「島産米保護への回帰：1965～1969年」では，稲作振興法及び米穀管理法の制定過程を明らかにした上で，島産米保護の強化が，加州米を中心とした外米供給体制とどのように関連しつつ実現が図られ，また限界づけられていたのかを，琉球政府による島産米買上事業の展開に即して検討する．

第5期（1970～1972年）では「復帰」を前提として，日本（本土）の余剰米を「供与米」として沖縄へ輸出することを目指す日本政府と，それによる加州米輸入の減少を憂慮し，反対するアメリカ政府の利害の対立があった．供与米の売上資金を1次産業への融資に利用することができた点で，琉球政府はその受け入れを要望した．第5章「「復帰」を前提とした食糧米政策の再編：1970～1972年」では，三者の政治力学の下で供与米数量が調整される過程とともに，供与米の受け入れを通して，日本政府農政の政策課題に取り込まれつつ沖縄の農業政策及び食糧米政策が再編される過程を，明らかにする．

第1章 食糧米供給不足下における需給調整政策：1945～1958年

はじめに

　本章の目的は，終戦～1958年までの沖縄の食糧米政策について，アメリカによる沖縄統治体制の構築と，沖縄側の生存のための食糧の要求というそれぞれの関心の下で，世界的な米需給状況に規定されつつ展開した過程を明らかにすることである．

　まず，戦後沖縄における軍政・民政機関の変遷を整理しておく．前者については，1945年4月5日に米国海軍軍政府が設立されたが，翌1946年7月1日には同陸軍軍政府によって置き換えられ，1950年12月15日以降「復帰」までは琉球列島米国民政府（USCAR）が軍政を実施した．それら軍政機関の下で民政機関として，沖縄諮詢会（1945年8月20日～1946年4月26日），沖縄民政府（1946年4月24日～1950年11月3日），沖縄群島政府（1950年11月4日～1952年3月31日），琉球臨時中央政府（1951年4月1日～1952年3月31日）を経て，琉球政府（1952年4月1日～1972年5月14日）が設立された．

　本章が対象とする時期の特徴は，アメリカによる統治体制が構築される過程で，強権的な軍権力を動員せざるを得なかったこと，それゆえに，社会政治の安定化が求められるとともに，民政機関の自治機能の拡大を容認していったことにあった．食糧米政策については，その権限の民政機関への移管が進行した．他方で，1950年代初めまでは世界的な食糧不足状態であった一方，同年代中ごろからは需給状況が緩和された．こうした状況の下で，食糧供給の安定確保という共通の課題を抱えつつも，それを最小限度の負担にとどめようとする軍政機関と，深刻な食糧不足に直面し生存のための食糧確保を至

上課題とした民政機関とでは，食糧米をめぐる関心の間に断絶が存在していた．

こうした断絶に由来する当該期の矛盾に迫るため，本章では，次のような接近方法をとる．

第1節では，終戦後の軍政機関による食糧配給（1945〜1953年）について，米国陸軍軍政府（1946年7月〜1950年12月）によるものを中心に取り上げる．同プログラムの実施過程の検討を通して，軍政府による食糧供給と，民政機関の要請の間にあった矛盾を析出する．第2節では，琉球政府設立前後に配給業務の権限が民政機関へ本格的に移管される政治過程を検討する．第3節は，世界的な食糧需給状況が緩和され，輸入米についての関心が量的な確保から上級米の要求へと移る時期を対象とする．「自由化体制」による経済開発構想を掲げるUSCARと，食糧の安定確保に強い関心を持ち続ける琉球政府の利害が矛盾を来していく過程を明らかにする．

1. 終戦後アメリカ軍政府による食糧配給

1.1 戦後沖縄の食糧配給制度

はじめに，終戦後沖縄における食糧配給制度について概観する．1945年4月の沖縄島上陸以降，アメリカ軍は制圧地域に収容所を一時的に設置し，住民をそこに送り込むと，食糧その他の生活物資を無償で救済配給した．その後，1946年6月に通貨制度が復活したのに合わせ，配給は有償となり，1953年に割当が解消されるまで続いた．軍政府は，配給のための食糧（補給食糧）を海外から調達し，沖縄の民政機関に払い下げ，末端の住人へと分配させた．1945年8月に沖縄諮詢会[1]が設立されると，同会社会事業部が配給業務を担当し，住民への支給を行った．その後は，表1-1で示す通り，配給業務の担当が，沖縄民政府商務部→同用度補給部→琉球用度補給庁→沖縄民

---

1) アメリカ軍政府の諮問機関として創設された．15名の委員から構成され，委員は，各収容地区において戦前の県会議員や中学校長などの政治的・文化的指導者たちの互選で選ばれた．中野好夫・新崎盛暉『沖縄戦後史』岩波新書，1976年，18頁．

表1-1 戦後沖縄の民政機関における食糧米配給業務担当部署の変遷

期間	担当機関	沖縄側担当業務	備考
1946年4月～1947年11月	沖縄民政府／商務部	各地区中央食糧倉庫の設置と管轄	輸入計画・配給割当は軍政府民補給部が担当
1946年12月～1948年3月	沖縄民政府／用度補給部	各村売店ごとの割当の決定と輸送	沖縄民政府の機構改革により商務部から独立
1948年4月～1948年9月	(軍政直轄)／琉球用度補給庁	沖縄島内補給業務全般	宮古・八重山への割当輸送計画等は軍政府民補給部が担当
1949年10月～1950年3月	沖縄民政府／補給部	沖縄島内補給業務全般と市町村売店の管轄	庶務部が管轄していた村売店を補給部に移管
1950年4月～1952年1月	琉球農林省／食糧局	沖縄全地区の食糧補給業務の統括	1950年7月,配給業務を沖縄食糧株式会社へ移管

注:1952年1月以降については,本文を参照.
出所:伊集朝規・鉢嶺清惇「食糧」(沖縄朝日新聞社編『沖縄大観』日本通信社,1953年)(前掲『行政史』第12巻,607-626頁に再集録)より作成.

政府補給部→琉球農林省食糧局と移管されるとともに,沖縄側民政機関が担当する業務の範囲も拡大していった[2].

戦後初期における軍政府の業務は,需要分の食糧を確保するまでであった.軍政府は,収容所を整理統合して,沖縄島を7つの「地区」に分割したものの,補給物資の地区ごとの割当量については,関知しなかった.そのため,「先取り」した地区がより多く配給を受けることとなり,配給物資が入荷される那覇港からの距離や保有する輸送手段によって,地区ごとの配給量には開きがあった[3].その上,数か月後には収容所での米軍物資の配給が停止することとなった.地区によっては深刻な食糧不足が発生した[4].

1945年11月ごろになると,収容所からの解放が進んだ.地上戦が展開されたこともあり,戦前に設立された沖縄県食糧営団と各市町村営の配給所は機能していなかった.そこで,沖縄諮詢会社会事業部が軍政府と市町村を仲介するようになったが,依然として地区ごとの配給量や配給方法には差があ

---

2) 沖縄民政府は,各群島に設置され,沖縄民政府のほか,八重山,宮古,奄美の3つがあった.沖縄島以外における食糧需給制度の検討については,本章では割愛する.
3) こうした状況について,後の沖縄食糧株式会社初代社長となる竹内和三郎は,「食糧の確保は補給物資を管轄する各米軍地区の隊長の手腕によって差異が生じたともいわれている.」と記述している.竹内和三郎「食糧品の配給時代」(那覇市企画部市史編集室編『那覇市史』資料編第3巻の8,那覇市企画部市史編集室,1981年).

った．そこで軍政府は，配給所を設置し住民に運営させることと，配給食糧を点数制にすることで，公平性を実現しようとした．後者の構想は具体化され，点数制配給カードとして 1945 年 12 月から採用されたが，配給機構が十分に整備されていなかったため，食糧難となった地区から公平・円滑な配給を求める陳情が度々出された[5]．

　1946 年 4 月 22 日に沖縄民政府が発足すると，軍政府は，これまで管轄していた沖縄島 7 か所の地区中央倉庫を沖縄民政府の管轄へと移管するとともに，各市町村直営の販売店を新設し，有償配給を開始する方針をとった．ただし，沖縄全体の補給物資の受入・保管を行う天願中央倉庫は軍政府の管轄下にとどめ，配給必要量の算出，輸入量計画，割当，品目，方法は，軍政府の権限として保持した．沖縄民政府管轄の 7 つの地区中央倉庫は軍政府の指示に従い，天願倉庫から配給物資を荷受けして各市町村直営の販売店へ出荷した．1946 年 12 月 1 日，沖縄民政府に用度補給部が設置され，商務部とともに配給を運営することになると，翌年 9 月には，天願倉庫の管轄が軍政府から用度補給部に移管された．しかしながら，1948 年 4 月 1 日に用度補給部は琉球用度補給庁として軍直轄に変更された[6]．この間，輸入量の計画や割当については，軍政府による掌握が続いた．

　1949 年 10 月 1 日に琉球用度補給庁が解消され，沖縄民政府内に新設された補給部が配給業務を担当することになった．商務部管轄であった各市町村の販売店も補給部の管轄に移され，補給部の下で配給機構が一元化されるこ

---

4) 例えば，沖縄島北部に位置する辺士名市ではこの状況を次のように述べ，定量配給の復活を求めた．「……青天の霹靂，寝耳に水の食糧減配並に停止が早きは九月の中頃より，おそきも十月の初めより実施され，しかも長期に亘りたるため栄養不良者並に餓死者は日々に増加，乳幼児の死亡は激増し，食糧欠乏を訴えてなきさけぶ子供は日々に数を増し，芋皮を乞い求むる者が多くなり，野草のみにて生をつなぐ者，アダンの実，福木の実，桑の実，海草等をむさぼりあさる者あり，……」(辺士名市長ほか「食糧配給に関する陳情」1945 年 11 月 1 日（琉球政府文教局研究調査課編『琉球史料』第 1 集，1956 年，49-51 頁）(沖縄県農林水産行政史編集員会編『沖縄県農林水産行政史』第 12 巻（農業資料編 3），農林統計協会，1982 年，150-153 頁に再集録))．

5) 沖縄食糧株式会社『沖縄食糧五十年史』沖縄食糧株式会社，2000 年，11-13 頁．利用部分の原資料として，『ウルマ新報』(1945 年 12 月 12 日）及び沖縄県沖縄史料編集所編『沖縄県史料　戦後 1』(沖縄諮詢会記録），沖縄県教育委員会，1986 年，286 頁及び 289 頁を含む．

とになった．同時に，補給部の運営費は沖縄民政府予算と切り離され，補給食糧の売上で賄うこととされた．さらに，軍政府は，補給食料の取扱・保管・配給について沖縄民政府に移管するという指令を出し，配給権限は民政機関へ移管された．先述のように戦後沖縄では4つの群島別に民政府が設立されていたが，新たに全沖縄にまたがる組織として1950年に琉球農林省が発足した．琉球農林省内に食糧局が設置され，補給部に代わり，配給業務は食糧局の管轄となった[7]．ただし，輸入計画を作成し実際に輸入を行う権限は，依然として軍政府が保留していた．

1.2　食糧米の調達と分配

前項で確認した配給制度において，軍政府の役割は，需要分を賄う供給量を確保することであった．それは，第1に，補給食糧を海外からの輸入によって量的に確保すること，第2に，島内生産物を供出させることによって達成される性格を持った．

第1の補給食糧について，まず確認する．表1-2で，当該期の補給食糧数量の推移を示した．戦後直後の1946，1947年は，軍余剰食糧の放出と小麦粉が中心であり，食糧米はほとんど輸入されていなかった．しかし，1948年以降は食糧米の輸入量が急増し，およそ6～8割程度を占めるに至っている．同時に，小麦粉の供給量は急減した．

世界的な食糧不足と，輸入計画の立案者が軍政府であったことによって，配給量は「必要最小限度」[8]に定置されることになった．特に戦後数年間は，

---

6)　こうした制度変更の理由について，『沖縄食糧五十年史』は，「米軍の占領地行政の基本方針がまだ定まっていなかったことによる．」としている（17頁）．講和条約以前の沖縄については，アメリカ政府内でも長期占領を目指す国防省とそれに反対する国務省などの対立によって統治方針が不確定であったことがその一因と推察される．この点について，後の琉球農林省食糧局の初代局長となった伊集朝規が作成に関わった『沖縄大観』の中で，「猫の目のように目まぐるしく変転する米国軍政府の人事と機構の改廃には相当悩まされた．名称を変えること数回，所属もまた転々とし，したがって事務所を変更すること一再に留まらないという有様であった．」と記述されている．伊集朝規・鉢嶺清惇「食糧」（沖縄朝日新聞社編『沖縄大観』日本通信社，1953年）．

7)　ただし，補給食糧の売上金は沖縄民政府財政部に納入される方式に変更された．伊集・鉢嶺「食糧」．

表 1-2　アメリカ援助による補給食糧数量の推移

単位：トン

年次	米	小麦粉	豆類	その他	軍余剰食糧	計
1946	4,001	1,920	4,973	4,385	25,519	40,798
1947	252	35,198	4,164	12,482	54,515	106,611
1948	13,505	30,791	16,484	11,451	7,592	79,823
1949	41,708	6,889	12,086	5,685	2,656	69,024
1950	46,728	3,663	16,279	2,979	1,081	70,730
1951	41,652	2,536	5,465	2,271	246	52,169

注：1) 1946年は7～12月，1951年は1～8月の合計値．
　　2) 数量は，有償配給開始以降のアメリカ援助による食糧の数量である．著者である伊集・鉢嶺が指摘したように，本表で掲げた数値には含まれていない援助食糧として，軍余剰物資として特殊団体や社会事業関係等の各方面に放出された食糧が相当多量にあったことには留意する必要がある．
出所：伊集朝規・鉢嶺清淳「食糧」を参考に作成．

前者の影響が大きかったと考えられる．1946年の次の新聞記事は，そのような当時の世相を示している．

　「……戦前迄県内消費米34,5万石の中12,3万石の土地生産米があり兎も角も3分の1は自給が出来たものである．ところが戦後の現在は耕地，肥料，供出，輸送の関係で土地生産米は殆ど一般の口には入らない状態で専ら配給のアメリカ米に頼っている有様であるが，軍政府筋からの情報に依れば米は世界的に不足を来たしているため，このアメリカ米も供給が減じ，将来これに期待はかけられない模様である．従って主食としては土地生産米並に甘藷の供給に一段と馬力をかけなければならぬことになろう．」(1946年10月18日)[9]

世界的な食糧事情に配給量が左右されることを悲観しつつも，生存のために，限られた生産資源で可能な限り自給を目指すべきだとする論調であった．しかもその自給作物として真っ先に挙げられたのは，米であった．これは，軍政府から食糧米の代わりに供給された小麦粉が，当時まだ一般的に食されておらず，住民には不評であったことに由来する．沖縄民政府も，食糧米の配給を増加させるよう繰り返し軍政府に要望し，入荷が実現することもあっ

---

8)　前掲『沖縄食糧五十年史』31頁．
9)　『うるま新報』(1946年10月18日).

た．

「米の配給がなくなってから彼是一年にもなります．……補給課長は再三再四，軍補給部長チェース大佐に折衝した結果，今度漸く入荷を見る模様であります．すなわち，米1,500トン（300万ポンド）が来年早々入荷と決定，民需用として2月乃至3月には配給出来る予定であります．……」
(1947年12月29日)[10] [原文ママ]

同資料からは，沖縄民政府用度補給庁が，軍政府の補給部に補給食糧の内容について交渉する余地があったことが示唆される．世界的な米不足の状況で，このような要望に応えることができた要因については不明である．補給米は，ガリオア資金援助によって，軍政府が数量・品質等の指定をして在日アメリカ軍の第8軍司令部調達部に調達させたものであった．銘柄は，タイ米，ビルマ米，エジプト米，加州米であった[11]が，その比率は不明である．輸入先別の輸入量が判明するのは最も早くて1950年度であり，加州米が17,306トン，ビルマ米が24,984トンであった[12]．

軍政府が，補給食糧のうち米の確保に配慮していた動機の一つとして，食糧不足に起因する社会の治安悪化という状況下で，社会政策として住民の希望に沿った食糧を供給することに一定の効果を見出したことが考えられる．終戦直後には「食糧を求めての犯罪や食糧をめぐる経済事犯が多かった」ことが指摘されている[13]．アメリカ軍物資の盗品である「戦果」が大量に出回ったことが，後述するヤミ市場の発展を支えていた[14]．住民の利害を配慮するというだけでなく，自らの統治を安定化させるためにも，食糧米の確保は

---

10) 沖縄民政府補給部長「物資補給についての報告」1947年12月29日（前掲『琉球史料』第1集，188-189頁）（前掲『行政史』第12巻，241頁に再集録）．
11) 以上，前掲『沖縄食糧五十年史』97-98頁．
12) 国場幸憲「貿易」（沖縄朝日新聞社編『沖縄大観』1953年，所収）．
13) 伊集・鉢嶺「食糧」．なお同資料では，補給米の増量に対して，「米食民」であるにもかかわらず主食の大部分を小麦粉に頼っていた沖縄住民の「国民性」に対するアメリカ軍の同情に基づく配慮として述べている．
14) 前掲『沖縄食糧五十年史』33-35頁．

統治者としての課題であった．

　第2の供出の問題について検討する．軍政府は，沖縄内での食糧生産力の増大を目指し，1946年2月23日に琉球列島米穀生産土地開拓庁を設置した[15]．同庁は，水田を主な対象として土地改良事業を行った．こうした生産力の回復を前提として，1946年の6月からの配給計画では，配給食糧は軍政府が補給する輸入品を8割，島内生産品を2割充てるとされた[16]．しかし，供出制度は当初採用されず，配給においても農家と非農家の区別はなかった．島産食料品の供出制度が実施されたのは，1947年10月であった[17]．軍政府が定めた年齢・就業種別の所要カロリーに基づき算出された必要物資量から島内生産量を控除したものを，軍政府が地区別に供給することとなった．

　しかし，稲作についてみれば，軍政府の奨励策にもかかわらず，生産力の増強はなされなかった[18]．他方で，島産品の供出は進まず，配給量が不足した．慢性的な物資欠乏状態と，公定価格が低く抑えられていたことによって，ヤミ取引が多発した．1946年7月から日本（本土）や海外からの引揚げが開始されたことで，人口の増加と資金の流入が同時に起こり，インフレに拍車がかかった．この結果，さらにヤミ取引が増大し，供出は激減した[19]．供出制度は，1948年11月には廃止された[20]．

---

15) 琉球列島米国軍政本部「沖縄米穀生産及土地開拓部設置」（軍政府副長官発，沖縄知事宛，1946年12月3日）（前掲『琉球史料』第1集，71-72頁）（前掲『行政史』第12巻，168-169頁に再集録）．

16) 前掲『沖縄食糧五十年史』31頁．

17) 前掲『沖縄食糧五十年史』36頁．配給制度開始以来，制度上は島産食料の供出がうたわれていたが，実際には1947年10月まで供出を強制できなかったと考えられる．1947年12月の民政府内の会議では，「全供出が出来なかったのではなく，やらなかった．」という沖縄民政府大宜見衛生部長の発言がある．「割当配給量及び配給制度」（1946年4月26日）（前掲『琉球史料』第1集，160-162頁），「臨時部長会議」（1947年12月3日）（沖縄県沖縄史料編集所編『沖縄県史料　戦後2』（沖縄民政府記録1），沖縄県教育委員会，1988年，533-543頁）．

18) 1949年以前における農業生産力を定量的に確認できる資料は，軍政府や沖縄民政府へ各市町村等が陳情を行う際に提出した管内生産状況等の一部に限られる．琉球銀行の調査では，定性的な記述として，農機具の貧弱さ，肥培管理の不十分さ，その他戦災による種々の悪条件が重なったことを，生産力停滞の要因として指摘している．琉球銀行「米――その流通と価格」『金融経済』（琉球銀行調査部）第125号（1963年4月）．

19) 前掲『沖縄食糧五十年史』31-35頁．

このように，配給食糧のうち，軍政府が関与したのは，沖縄外から調達した補給食糧に限られていた．島内産品の管理は困難で，自由取引を認めざるを得なかった．しかしながら，実際に配給された量は，こうした失われた自由取引に基づく供給分を加えたとしても，不十分な水準であった[21]．住民の必要とする食糧の量自体が過小に評価されているという指摘も，統治者内から出ていた[22]．適正な補給食糧の数量として，1年当り82,600トンが推計され，そのうちの55,000トンを食糧米によるべきだとしていた．こうした事実は，食糧配給において，軍政府による「必要最小限度」という性格が，統治／被統治の関係の下で，被統治者側からの，生存のための食糧確保という性格よりも強く発現していたと言い換えることも可能であろう．次項では，統治者側の論理が強調された事例として，食糧配給停止命令を取り上げ，配給の停止を実行ないし宣告することで，統治体制の構築に住民を動員していった過程を検討する．

1.3 食糧配給停止命令

本項では，軍政府によって1947年及び1948年に出された食糧配給停止命令と，その顛末を検討することで，当該期における食糧配給に刻印された統治者の論理を析出する．

まず，同事件について最も詳細な記述のある『沖縄食糧五十年史』をもとに，その過程を整理する[23]．

終戦後，アメリカ軍は主に捕虜に労務をさせていたが，1946年12月に日本兵が帰還したことで，物資運搬の仕事は沖縄人労務者が担うことになった．

---

20) 米国軍政府特別布告第33号「南西諸島並にその近海住民に告ぐ」第2条B項，「島内食糧品その他の重要物資は統制価格無しに琉球住民市場において琉球人のみに売るものである．重要島内生産品を以てする配給制はこれを廃止する．但しかかる物資は生産地にとってその重要性が認められる限り列島間取引には使用されない．」(1948年10月26日)，11月1日より実施．

21) 例えば，食糧米については，1か月に5日分程度の配給しかなかったことが指摘されている．伊集・鉢嶺「食糧」．

22) 「Agriculture and Economic Reconstruction in the Ryukyus」1949年11月（原本は国立アメリカ公文書館所蔵，RG 338, Entry 34179, 箱番号2），32頁．前掲『行政史』第12巻，807-852頁に翻訳が集録されている．

中でも那覇港や勝連港の荷役業務，中央倉庫での運搬は，食糧をはじめとする大量の補給物資を扱うため，大勢の労務者を必要とした．そこで，軍政府は労務者提供を沖縄民政府に要請し，沖縄民政府は各市町村に労務供出を割り当てた．

労務提供の開始後半年以上経った 1947 年 8 月ごろに，天願中央倉庫の労務者の出動状況が悪いと軍政府から苦情が寄せられた．沖縄民政府が農繁期であると弁明したところ，軍政府は，労務者割当をして出動しない者に対しては配給停止することを立案中であると宣告した．労務者が集まらない状況はその後も続いたため，同年 8 月 19 日から 21 日間，配給が停止された．沖縄民政府の部長会議では，「軍政府は労務者の出ないのがいけないと言って 6 か月も配給停止するかも知れないとまで怒っている」[24]と報告される一方，天願倉庫や勝連港での労務者に対する扱いが悪いことが指摘された．

労務者の不足によって遅れていた荷揚げ作業が 9 月に完了したことで，配給は再開された．以降は，労務者を管理する規程が策定され，沖縄の労務者は，労務事務所への登録や労務カードが義務付けられることになった．

翌 1948 年 7 月，軍政府は那覇港と勝連港で大量の荷受けがあるので多数の労務者が必要であると沖縄民政府に要請した．当初 800 人の予定のうち 300 人しか集まらなかったところ，軍政府は沖縄民政府に対して，荷受けが未完了であっても停船予定を過ぎれば出港させると宣告した．沖縄民政府は，労務提供者への特配・奨励金の支給などを検討し，各市町村に対して供出を割り当てた．那覇港湾作業は特に待遇が悪いとされており，市町村長らは軍政府補給部幹部と会見し，待遇の改善を訴え，一部認められたといわれる．

---

23) 1948 年の食糧配給停止命令については多数の研究で言及されており，近年の成果としては，鳥山淳『沖縄／基地社会の起源と相克：1945 − 1956』勁草書房，2013 年，第 3 章第 3 節を得る．ただし，1947 年の配給停止という事態からの連続という点では，『沖縄食糧五十年史』が最も整理して記述しており，本書でも同書をもとに考察する．以下，「労務者の待遇改善については，市町村と沖縄民政府でそれぞれ対応することになった．」までの記述は，前掲『沖縄食糧五十年史』41-50 頁を参考にした．利用部分の原資料として，前掲『琉球史料』第 1 集，190-191 頁，前掲『沖縄県史料　戦後 2』278，421-456 頁を含む．

24) 民政府部長会議における大宜見衛生部長の発言．「部長会議」（1947 年 8 月 22 日）（前掲『沖縄県史料　戦後 2』429-431 頁）．

こうした結果，労務者はほぼ予定人数の確保に至った．

しかしながら，8月17日，突然，軍政府から労務者の無断欠勤が多いことを理由に，同月25日以降の販売店閉鎖命令が出された．これを受け，知事は，19日から軍政府に閉鎖回避の要請のため日参し，24日からは市町村長会が連日開催された．結局，沖縄民政府が労務の完全供出を軍政府に確約することで，8月26日に販売店閉鎖命令の一時中止がなされた．労務者の待遇改善については，市町村と沖縄民政府でそれぞれ対応することになった．

この一連の過程において問題となったのは，労務者の待遇であった．沖縄民政府知事が軍政府長官に提出した陳情書では，次のように指摘されている[25]．すなわち，配給量が十分でないため，島産品を買ってこれを補う必要がある．後者の価格は，配給品の価格の数倍以上に達しており，特に食糧米は，1斤当り5円25銭[26]であるのに対して，自由取引価格は160円となり，30倍以上の差がある．しかしながら，労務者の賃金が配給食糧の価格を基にして設計されており，その日当は最高でも15円20銭である．他方で，軍労務以外の仕事では，3食付きで日当80円以上の例もあり，労務の供出を強制することは困難である．

こうした矛盾は，第1に，生存のために自由市場を住民が必要とする一方で，そこでの価格水準と公定価格との間に断絶があったことによる．表1-3で，配給米の小売価格の推移を示した．1947年11月の値上げは，同年3月の通貨切り下げに加え，前月に島産品の自由販売が解禁されたことによるもので，米以外の食糧も3～4倍引き上げられた．最大の引上げとなったのは1949年2月であり，自由市場価格の60％を目安とした公定価格の改定を行ったためであった．しかしその結果，市場価格が暴騰したため，軍政府は翌3月に50％の値下げを指示した．その後は安定的に推移し，1950年4月に通貨が再び切り下げられるも，小売価格はひとまず据え置かれた[27]．

---

25) 沖縄民政府知事「軍労務問題に関する陳情」(軍政府長官宛，1948年8月22日)，(前掲『琉球史料』第1集，191-194頁に集録．前掲『行政史』第12巻，247頁に再集録)．
26) 当時の通貨は，軍票を使った「B円」を用いており，日本円ではない．以下，特に断らない限り，「円」と表記する．
27) 前掲『沖縄食糧五十年史』38-39頁．

表 1 - 3　配給米小売価格の推移

単位：1キロ当り B 円

公示日	小売価格	比較	法定通貨	備考
1946 年 6 月 6 日	0.903	1.00	B 円，新日本円 （1946 年 4 月 15 日～）	1946 年 4 月 15 日～ 1 ドル＝ 15B 円
1947 年 11 月 3 日	3.858	4.27		1947 年 3 月 11 日～ 1 ドル＝ 50B 円
1949 年 2 月 1 日	24.250	26.85	B 円のみ （1948 年 7 月 21 日～）	
1949 年 3 月 1 日	13.778	15.25		
1949 年 10 月 1 日	13.668	15.13		
1950 年 1 月 10 日	9.259	10.25		
1950 年 5 月 1 日	9.300	10.29		1950 年 4 月 12 日～ 1 ドル＝ 120B 円

注：1）原資料は，「『沖縄大観』61，290 頁～，『地方自治 7 周年記念誌』136，771 頁，各指令など」とされている．
　　2）法定通貨は，沖縄本島のみ 1946 年 8 月 5 日～ 1947 年 7 月 31 日の期間において新日本円に限られていたが，表では示していない．
出所：「小売価格」及び「比較」は前掲『沖縄食糧五十年史』38 頁を利用．「法定通貨」及び「備考」は筆者による追加．

　公定価格の改訂の経緯は，軍政府が，配給を通して自由市場での価格をも引き下げることを意図しつつ低価格に定めていたことを示す．特に，前掲表1-2で確認したように，食糧米の輸入量は少なかったため，島内は慢性的な供給不足状態にあり，価格上昇圧力は強かった．低位に据え置かれた配給米の価格と，自由市場で形成された島産米の価格が分断される状況がもたらす社会的不安定への対処が，前項で述べた1948年次以降の食糧米輸入の増大へとつながったとも考えられる．

　第 2 に，労務者賃金は，配給食糧の価格水準に結び付けられていた．これは，アメリカ軍が雇用する労務者の賃金を据え置くために，低水準の食糧価格の実現を必要とした側面を示唆する．実際には，配給品と島産品の価格水準には断絶があったこと，前者の供給量が不十分なために後者を購入することが生存のために不可避であったことによって，個々の労務者に，この矛盾がしわ寄せされることになった．

　以上のように軍労務者が抱えていた問題を捉えるとき，食糧配給停止命令は，次のような軍政府の性格を浮かび上がらせる．すなわち，食糧供給の大部分を配給に依存した沖縄に対して，その供給の停止を宣告し，または実際に停止することを通して，実際に必要とされている需要量を配給量で賄うこ

とができなかったという施政の限界を，個々の労務者の問題として矮小化するという性格である．前節で確認した宥和的な性格の裏面で，こうして時に圧倒的な暴力を背景に，統治体制を構築していったといえる．

2. 琉球政府設立前後における食糧米需給

2.1 食糧配給業務の民営化と輸入計画立案権限の沖縄側への一部委譲

1946年から1950年にかけて，各群島に民政府が設置されたが，それらの行政機構が統一されたのが，1952年の琉球政府の設立であった．それに先駆け，全沖縄を管轄する機構として琉球農林省が1950年に発足し，その中に食糧局が設置された．奄美，宮古，八重山群島では，食糧局支部が置かれたが，沖縄島では，食糧局は，従来沖縄民政府補給部が担っていた配給業務のうち食糧に関する業務を担当した．すなわち，補給食糧の受取，補完，割当，基準量と価格の設定，出荷，輸送等の業務を担い，その管下に天願中央倉庫，那覇中央倉庫，7つの地区中央倉庫，各市町村の販売店を置いた．

食糧局の設置の直前に，軍政府が沖縄民政府に，中央倉庫から販売店までの配給業務の民間移管計画を内々に認めていた．その契機は，食糧局の予算を軍政府と折衝した際，その予算額が膨大であったことに対する対応策を求められ，民営に移管することを食糧局側が提案したことであった[28]．当時食糧配給を担当していた補給部食糧課は，同時期の日本（本土）のように，まず暫定的な組織として官営の食糧公団を創設し，その後民営化させることを構想していた．これに対して，軍政府は，あくまで民間企業であるべきだとして，構想の修正を求めた．そこで，沖縄，八重山，宮古群島では沖縄食糧株式会社（以下，沖食と略）が，奄美群島では大島食糧株式会社が7月1日に設置されるとともに，農林省食糧局の指示の下で配給業務を担うこととなっ

---

28) 以上，『うるま新報』（1950年2月26日）及び，前掲『沖縄食糧五十年史』75-78頁（当該部分についての原資料は「創立総会議事録」であり，同社の創立総会における社長・竹内和三郎による報告の一部である）．

た[29]．また，市町村販売店制度も解消され，従来の販売店は，軍政府の認可を得て指定販売店となった[30]．

　沖食は，1950年12月7日に食糧局と正式に契約を交わし，配給，輸入計画の立案，管理責任等の業務が定められた．このうち，輸入計画の立案については，「食糧局と沖食が合議し，軍政府の指示ならびに軍政府の予算の範囲内において立案すること」とされた[31]．軍政府に代わって設立されたUSCARが外米を調達し，それを沖縄側機関が買い受け，分配するという従来の分業関係は継続した．

　この分業関係が変化したのが，琉球政府の設立後であった．沖縄の民政機関における食糧米政策を担当していた琉球農林省は，1951年1月に廃止され，臨時中央政府資源局となった後，1952年4月に琉球政府が設立されると，琉球政府資源局へと引き継がれた．1953年には資源局と商工局が合併して経済局が設置された．1952年4月，設立直後の琉球政府に対して，USCARは米の一部買付けを許可した．この際，買付資金は，琉球政府の商業資金とされた[32]．従来軍政府やUSCARが買付けのために利用していたガリオア資金ではなく，沖縄の保有する商業資金となった．商業資金とは，「琉球商業ドル資金勘定」により積み立てられたドルであり，輸入等の外貨支払いの際に利用される資金であった．先述のように，沖縄では米軍政府の発行する軍票（B円）を通貨として用いていた．B円の発行高は，琉球商業ドル資金勘定によって規定された．すなわち，基地従業員の給与受取，基地に対する財貨・サービスの供給，援助金の受け入れ，海外からの送金，輸出等によって外貨を稼ぐと，それに応じてB円が発行され，逆に輸入等により外貨支払いがあれば，B円が回収された[33]．

---

29) 前掲『沖縄食糧五十年史』57-61頁．なお沖食の初代社長は竹内和三郎であり，同社設立以前は那覇中央倉庫長を務めていた．
30) 前掲『沖縄食糧五十年史』78-80頁．新規参入もあり，民営化以前は合計290店であったものが，1950年10月には450店となった．その後も増加傾向にはあったが，指定の取消もあり，改廃は激しかったことが指摘されている．
31) 前掲『沖縄食糧五十年史』71-72頁．
32) 以上の記述は，前掲『沖縄食糧五十年史』99頁による．
33) 以上の記述は，琉球銀行調査部編『戦後沖縄経済史』琉球銀行，1984年，148-150，360-362頁による．

1952年度輸入米量を6〜7万トンと計画したうち，3分の2はUSCARが買い付け，残る2万トンを，琉球政府が買い付けることとなったが，世界的な米不足に加え各国の複雑な販売機構に翻弄され，買い付けることはできなかった[34]．

1952年8月に配給米が不足した際に，沖食ははじめて商業資金を使ってタイ米2,500トンを買い付けた．一方琉球政府も同年11月に再び買付けに挑んだ．今回はアメリカ大使の後押しもあり，タイ米2万トン及びビルマ米3万トンの合計5万トンを，一般市場価格よりも安価な政府割当米として買い付けることができた．その後1954年からは，ビルマ政府と年間3〜4万トンの長期契約を結ぶことに成功した[35]．

以上のように，軍政府の沖縄統治予算の節減という点から配給業務の民営化が実現し，荷受け以下の業務を一貫して沖食が担う体制となった．これを前提として，1952年の琉球政府設立を機に，外米調達権限の一部が民政機関へと移譲された．この権限の委譲について，USCARが沖縄の食糧米の調達をどのように計画していたかという点から，以下で考察する．

第1に，1952年の9月以降，アメリカ政府は，自国米の輸出について割当制度をとっていた．特に朝鮮戦争を背景として軍事上の食糧米需要量が増加したことで，他国からの輸出要請分を加えると，供給量を超過したためであった．アメリカの統治下であったとはいえ，沖縄向けの食糧米輸出も，こうした制約から逃れることはできなかった．当初，USCARの上位機関に当たる陸軍省の民政・軍政室は，年間7万5000トンの割当を要請した．割当の配分を決定した省庁間食糧委員会で調整の結果，ガリオア資金で買い付ける2万トンと，商業資金で買い付ける1万トンが，沖縄に対する割当として与えられた[36]．しかしながら，この数量は，沖縄の輸入需要量を十分に満たす水準ではなかった．1952年9月15日には，陸軍省民政・軍政室が極東軍

---

34) 前掲『沖縄食糧五十年史』99-100頁による．なお同資料には，琉球政府が，資源局食糧課長ら琉球政府職員3名とアドバイザーとしてUSCAR商工部のオグレズビーを，バンコク，ラングーン，台北に派遣したとする記述がある．琉球政府に外米の調達権限の一部が移管されたとはいえ，実際の買付けにあたっては，USCARの協力ないし斡旋が必要であったといえる．

35) 前掲『沖縄食糧五十年史』100-101頁．

司令官に，沖縄ではアメリカ以外の地域からの輸入で需要量に対する生産量の不足分を賄うことを提案していた[37]．

第2に，アメリカ産米は東南アジア産米よりも価格がかなり高かったため，USCARは購入を渋っていた．ガリオア資金のうち食糧向けの額は約647万ドルに限られていたが，そのすべてを食糧米に振り分けたとしても，アメリカ産米では3万トンを買うのが精々であった．こうした状況で，1953年6月にUSCARは，アメリカ政府農務省に対して，20万袋分のガリオア資金による買付けと，60万袋分の商業ルートによる買付けをキャンセルすることを伝えた．その理由は，アメリカ産米が東南アジア産米よりもかなり高くつくため，1954年次以降は東南アジア各国からの輸入で専ら供給不足分を賄うというものであった[38]．しかしながら，アメリカが出す援助資金で購入するのはアメリカ産製品に限るとするのが，当該期の国防省と農務省との合意事項であった[39]．したがって，沖縄が東南アジアから食糧米を輸入する際にこれを使用することは困難であった．

以上の2点からは，東南アジアからの米輸入に際しては，琉球政府の商業資金を用いることで解決が図られたのであり，それを正当化するための仕掛けとして，輸入権限が一部委譲されたことが推察される．積極的な自治の許容ではなく，USCARやアメリカ政府の事情の影響を強く受けたものであった．次項では，以上のような過程に関連して沖縄内での割当配給制度が廃止されていく過程を検討する．

2.2 割当配給制度の廃止

1952年夏ごろから，配給米の売れ残りが問題化し始めた．1953年には沖

---

36)「The Ryukyuan Rice Position」(作成，Hauschner，作成日不明)（アメリカ陸軍参謀本部『Allocation: Rice Quotas』，沖縄県公文書館資料コード：0000106040，原資料は国立アメリカ公文書館所蔵，RG319, Box No.1，所収）．

37)「United States rice market and allocation quota Ryukyuans」1952年9月15日（前掲『Allocation: Rice Quotas』，所収）．

38)「Procurement of Rice for the Ryukyu Islands During FY 1954」Stuart T. Baron, Jr, 1953年6月12日（前掲『Allocation: Rice Quotas』，所収）．

39)「Rice Procurement for the Ryukyus」1952年9月12日（前掲『Allocation: Rice Quotas』，所収）．

縄全島の1か月分の配給量 4,500 トンのうち，月平均 1,500 トンの残量を出すほどであった[40]．その要因の一つが，配給米の品質の低さにあった．配給米を外米に頼る沖縄では世界的な食糧事情の影響を大きく受けた．1950 年ごろには各国とも生産力が十分に回復しておらず，冷・水害等により生産高が低下した年は世界中が極度な米不足に陥った．初期の頃の配給米は，砕米率 30％以上のものや小石混じりはざらで，総じて評価はよくなかった[41]．終戦直後の食糧難の時期はともかく，住民生活が安定してくると，品質が重視されるようになった．1952 年 3 月には，「悪質米と遅配はもうコリゴリ」と沖縄婦人連合会による署名運動まで起こった[42]．

他方で，前節で述べたように，USCAR は東南アジア諸国からの輸入を拡大する方針であった．それらの地域の米は，従来から補給米として供給されていたが，総じて評価は低かった[43]．1953 年にはビルマ米 3 万トン，タイ米 3 万トンに加え，加州米 2～3 万トンの輸入が既に予定されていたが，1952 年からの在庫量を含めた大量の米を長期保有することは，当時の沖食の倉庫収容力の面及び米の品質維持の面から不可能であった．そこで，同年 4 月には配給米の価格を引き下げて売れ行きをよくするとともに，加州米のみ自由販売を許可した．自由販売米は，指定小売店以外でも扱える点，沖食が卸売りをする際の価格の上限規制はあったものの小売店における小売価格の規制はなかった点，及び購入数量の制限がなかった点で，配給米と異なった．1953 年 9 月には前年に入荷したビルマ米・イラン米・台湾米・加州古米等が自由販売米に加えられた[44]．

自由販売米の加州米は食味が良く評価が高かった一方，配給米には在庫のビルマ米が充てられたことで，その売れ行きはさらに低下した．そのため，1953 年 10 月に割当配給制度が廃止された．配給米と自由販売米の区分は残

---

40) 前掲『沖縄食糧五十年史』101-103 頁．
41) 琉球新報社会部編『戦後おきなわ物価風俗史』沖縄出版，1987 年，60 頁．
42) 前掲『沖縄食糧五十年史』98-99 頁．
43) 「従来配給されたエジプト米やビルマ米，シャム米等がヒエや小石等の夾雑物多く且品質も劣等品が多かった……」とする新聞の記述がある．『うるま新報』(1950 年 3 月 3 日)．
44) 前掲『沖縄食糧五十年史』103-104 頁．

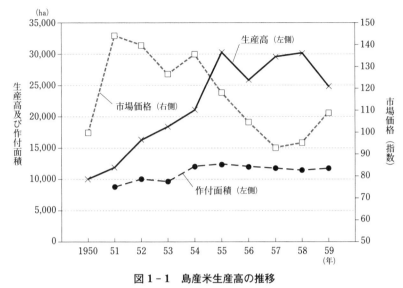

図 1-1　島産米生産高の推移

注：市場価格は，1950年を100とした指数．通貨のドル切り替え後に当たる1958～1959年の数値は，1ドル120B円で換算した．
出所：作付面積及び生産高は前掲『都道府県農林水産統計』，市場価格は前掲『戦後沖縄経済史』付属資料より作成．

ったものの，どちらも分量は自由に買うことができるようになった．

　このように割当配給制度が廃止された背景には，食糧需給の逼迫という終戦直後の状況がかなり改善されたことがあった．その要因の一つは，前節で述べたように，USCARによる食糧米供給確保の責務について，琉球政府がその一部を引き受けたことによるものであった．もう一つは，島内稲作の拡大という事情があった．図1-1で示すように，島産米生産量は，慢性的な食糧不足による米価高に支えられ，玄米生産高で1950年の約1万トンから1955年の約3万トンへと急増した．しかしながら，世界的な食糧不足が改善されるにつれ，良質な外米が安価で沖縄内に流入することになる．それは島内稲作が拡大してきた前提条件を掘り崩すものであり，その点で，琉球政府は，一定程度の自給量の確保という課題に直面することとなった．

表 1-4　外米輸入状況

単位：トン，%

年次	食糧米	砕米	合計	食糧米の比率
1953	32,381	-	32,381	100.00
1954	33,618	860	34,492	97.47
1955	31,979	18,920	50,907	62.82
1956	28,646	27,229	55,875	51.27
1957	52,559	14,365	66,924	78.54
1958	51,663	15,708	67,371	76.68

注：1）原資料は，「税関統計」．
　　2）合計値は，人造加工米も含めた数値であるが，本表では示していないため，
　　　1954, 1955年のみ合計値がずれている．
出所：琉球銀行「米——その流通と価格」より作成．

3. 食糧米需要の拡大と琉球政府の対応

3.1 砕米輸入の拡大と食糧米需要の拡大

1950年代中盤になると，東南アジアの米輸出国の生産が回復し，世界の食糧米需給状況が好転した．これを背景として，沖縄では1955年ごろから「砕米輸入ブーム」が起こった．砕米は，本来泡盛の原料や，加工用原料として輸入されており，食糧米としての自由販売は認められていなかった．しかし，米生産国が豊作により食糧米としても比較的食味の良い米を砕米として輸出したことで，沖縄では食糧米として安価に取引された．

当該期における外米輸入状況を，表1-4で示す．戦後沖縄で民間貿易が解禁されたのは1950年10月であり，その後，砕米が最初に輸入されたのは1951年9月の泡盛業者による原料用として日本からの1,000トンの輸入であった[45]．当初は，食糧米と同様に，貿易における政府の指定輸入品として管理され，輸入許可を琉球政府から受ける必要があったが，1954年10月に一般輸入品扱いとなり，申請すれば誰でも輸入できるようになった．表1-4の値は，これ以降の数字と考えられる．

1954年に輸入規制が解消された後，砕米の輸入量が急激に拡大したこと

45）『琉球新報』（1955年10月10日）．

を確認できる．この間，取扱商社は数社から 20 数社に増えた．また，当時の工業用原料砕米の月間需要量は 500 トン程度とされており，残りは食糧用に転用された[46]．特に農村部や，甘藷を主食としていた低所得者層の主食とされたといわれている[47]．砕米の輸入拡大によって，配給米の売れ行きが悪化したため，1955 年 7 月に，砕米は再び指定輸入品となった．しかし，1956 年 1 月に，琉球食糧株式会社（以下，琉食と略）から，食糧砕米の輸入許可申請書が提出されたことを契機として，琉球政府は砕米の扱いについて再検討を迫られた．その結果，同年 3 月 12 日以降，砕米の輸入は再び自由化された[48]．

この時期に入荷された砕米は，那覇市内では 1 キロ当り 14 円 50 銭から 15 円内外で取引された．琉球政府と USCAR は，1955 年 7 月に，それまで 23 円 50 銭で販売されていたビルマ米の配給米の価格を 3 円引き下げ 20 円 50 銭とした．その後も配給米の価格は低下し，翌 1956 年 9 月には，18 円 50 銭まで引き下げられた[49]．こうした状況の下で，那覇市場での島産米の価格は，前掲図 1-1 で示したように，落ち込んだ．1954 年には 1 キロ 30 円程度であったものが，1956 年には 23 円まで落ち込んだ[50]．

琉球政府や USCAR が，砕米の輸入拡大を，彼らの食糧米政策の中にどう位置づけたのかを直接的に示す資料はない．しかしながら，砕米が食糧米需要の一部を代替的に満たしたこと，同時に沖縄内食糧米価格の引下げをもたらしたことは，次の 2 つの点で，USCAR にとって統治コストの節減という効果を持った．

第 1 に，当該期には，外米輸入を目的として，USCAR は琉球政府に資金を貸し付けていた．先述したように，食糧米調達業務の琉球政府への一部移管に伴い，沖縄内の商業資金，すなわち琉球銀行などからの融資を利用した

---

46) 同上．
47) 前掲『沖縄食糧五十年史』112 頁．宮里清松・村山盛一「稲」（前掲『行政史』第 4 巻，農林統計協会，1987 年）．
48) 前掲『沖縄食糧五十年史』112-114 頁．
49) 前掲『沖縄食糧五十年史』115 頁．
50) 「主要商品小売価格の推移（那覇市場）」（前掲『戦後沖縄経済史』付属資料，1342-1343 頁）．

外米の買付けも行われたが，外米買付資金の大部分は，USCARによる財政援助によって賄われていたと考えられる[51]．USCARにとって，この負担は決して小さなものではなかった．沖縄の経済復興を通して住民の「米」の需要量が増大する中で，それに対応して外米購入資金を拡大することは，困難であったであろう[52]．こうした状況下で，琉球政府でも沖食でもない第三者が砕米を輸入し，それが外米需要量の一部を代替したことは，USCARが負担する食糧米調達費用を軽減したと考えられる．

第2に，配給米価格を低水準に維持することは，USCARにとって沖縄社会の安定化を目指す上で，重要な手段であった．1954〜1956年にかけて全沖縄的に発生した「島ぐるみ闘争」に対して，USCARは強権的な対応を取らざるを得なかった．その一方で，経済発展によって沖縄住民の施政者への態度を軟化させるという，沖縄経済開発構想が生じた．この点で，賃金財の代表である食糧米の価格を引き下げることは重要な課題であった．ただし，後述するように，それは島産米の価格低下すなわち島内稲作の収益性低下を引き起こした．この点をめぐって琉球政府とUSCARの間で利害対立が引き起こされる過程を，次項で，新たな食糧米取扱業者の追加問題を取り上げて検討する．

3.2　食糧米取扱業者の拡大

1958年から，食糧米取扱業者は拡大され，翌1959年には3社となった．その要因として，USCARの統制緩和方針，外米輸入資金調達方式の変更，沖食による独占の排除についての沖縄内経済界からの要請があった[53]．以下，

---

51) 後述するように，外米買付資金は1958年に引き上げられた．その際の額は，約6億B円とされていた．外米買付資金は，配給米の売上により住民から回収できる性格を持つことから，1955年においても同様の額の水準であったと推測できる．他方，1955年の配給米小売価格は1キロ当り19B円90銭であったから，その仕入れ価格を1キロ当り19B円と見積もれば，6億B円は外米3万1000トン余りに相当し，当時の輸入量約3万5000トンの大半を占めていたと評価できる．

52) 同時期におけるアメリカ政府からの援助資金であるガリオア資金の額が，1950年には約5000万ドルに達したが，1953年には900万ドル，1954年には200万ドル以下へと落ち込んでいたことが，この傍証となるだろう．前掲『戦後沖縄経済史』付属資料による．

順に検討する．

第1点は，琉球政府が管理していた食糧米の輸入について，USCARから，従来の統制を徐々に緩和することを求められたことである[54]．その動機の一つとして，USCARの掲げた沖縄経済開発構想が挙げられる．同構想では，「自由化体制」による経済開発が求められた．すなわち，経済開発を望むが，同時期のアメリカ本国の財政事情の悪化によって，その資金を十分に確保することは困難であった．そこで，資本と貿易の自由化によって，民間資本による経済開発を目指した．その端緒が，1958年9月の通貨のドル切り替えであった．ドル通貨性を採用する副次的な効果として，通貨価値の上昇を通じ，食糧米の仕入価格を低水準に抑制することができたと思われる．その上で，取扱業者を複数にして競争させることで，沖縄内の輸入価格を低下させることを考えていた．

第2点については，1958年7月，USCAR財政部，琉球政府経済局，沖食，琉球銀行，アメリカン・エキスプレス銀行の関係者が会談した際，USCARから，これまで外米購入資金として琉球政府に貸し付けていた約6億B円（500万ドル）を引き上げ，補給米に関する資金の工面・取扱のすべてを琉球政府に移管する意向が示された．これを受け琉球政府は資金の調達先を検討し，琉球銀行をはじめ沖縄側の金融機関から借り入れることになった[55]．USCARからの一括資金が各金融機関からの分割借入資金へ変更されたことで，食糧米取扱業者を沖食1社に限定する理由が薄れた．

第3点は，前節で取り上げた，沖食の独占への批判であった．早くは1955年から，沖食の食糧米輸入の独占への批判が提出されていた[56]．その中心となったのが，砕米の輸入販売によって資本蓄積を進めた琉食であった．琉食は，競争によって外米の価格を低下させることができると主張し，地方新聞である『琉球新報』も，それに同調する論陣を張った[57]．

53）「食糧米に関する資料」琉球政府経済局作成，1959年4月15日（『食糧米の問題』（平良幸市文書，沖縄県公文書館所蔵，資料コード：0000061890），所収）．
54）同上．
55）前掲『沖縄食糧五十年史』116頁．
56）『琉球新報』（1955年1月9日）．輸入商協会が，食糧米輸入の独占廃止を陳情する決議を行った．

こうした中で，琉球政府は，食糧米取扱会社の枠を拡大することになった．1958年10月に琉食が食糧米取扱の政府指定業者として認可され，さらに同年12月には新たに設立された第一食糧株式会社（以下，一食と略）が加わった．これら指定業者3社は，琉球政府と補給米取扱契約を結び，その指示の下で，外米の輸入及び卸売業務を行った．3社の取り扱いシェアは琉球政府によって配分された．買付資金は，自己資金または銀行融資資金により買い付けるものとされた[58]．

しかしながら，琉球政府としては，指定業者の枠の拡大について，不本意であると考えていたと思われる．その証左として，琉球政府経済局長による，3社以上に増やすことはないとする発言を挙げることができる[59]．次章でみるように，琉球政府は指定業者に対して，食糧供給を担うという点から安定的な経営が可能であることを重視していた．当該期の琉球政府食糧政策において，需要分の食糧米を安定的に調達することが最も優先される課題だったのであり，この意味で，USCARが要請する指定業者の枠の拡大について，最小限にとどめる意図を持っていたといえる．

おわりに

本章の目的は，アメリカと沖縄のそれぞれの食糧米をめぐる課題に着目して，終戦～1958年までの沖縄の食糧政策の展開を明らかにすることであった．

第1節の終戦直後の時期では，統治のための費用を最小限の財政負担で収めようとする軍政府と，食糧確保が重要な課題であった民政機関の関心が部分的に対立する中で，民政機関の要望に妥協しつつ軍政府の食糧配給政策が展開したことを確認した．しかし同時に，食糧供給の停止を盾として，統治体制からくる矛盾を，時に強権的に糊塗しようとした軍政の性格も明らかになった．

第2節では，琉球政府の設立前後に，外米の輸入計画の立案を含めた食糧

---

57) 『琉球新報』（1959年5月22日，同年同月23日）．
58) 前掲「食糧米に関する資料」．
59) 『琉球新報』（1959年3月8日）．

行政の権限が，軍政府ないし USCAR から民政機関に移管される過程をみた．USCAR にとっては決して積極的な自治権の委譲ではなかったものの，これを契機として，琉球政府が食糧米政策を管轄するようになり，沖縄住民の嗜好や需要に対応することになった．その結果として，自由販売米が登場し，割当配給制度は廃止された．

　第3節では，世界的な食糧需給状況が緩和する中で，砕米輸入が拡大し，食糧米需給におけるその比重が大きくなった1950年代中盤以降の時期を扱った．砕米の輸入業によって資本蓄積を果たした琉食からの独占排除の要請に加えて，統治コストの節減や「自由化体制」の下での経済開発を目指す USCAR の関心を反映して，琉球政府は指定業者の枠を拡大し，それまでの沖食1社体制から琉食と一食を加えた3社体制へと転換した．

　ただし，外米の輸入規制をめぐっては，USCAR がその緩和を求めていたのに対して，琉球政府は，部分的な自給部分を維持するために規制の存続を求めていた．次章では，こうした対立の下で，外米と島産米の供給量や価格の調整を目的とする制度が妥協的に形成された過程を検討する．

第 2 章　米穀需給調整臨時措置法をめぐる琉米間の対立と妥協：1959 〜 1962 年

はじめに

　本章では，1959 〜 1962 年の琉球政府の食糧米政策について，米穀需給調整臨時措置法の制定過程とその運用過程に着目して，明らかにする．

　まず，対象時期の特徴について整理すると，第 1 に，1950 年代中盤以降，大戦によって被害を受けた地域の農業生産力が回復したことで，食糧米の国際需給状況が緩和された．戦前から米の輸移出を行っていたビルマや台湾，韓国が輸出を再開したことと，前章で述べたようにアメリカからの輸入困難という事情によって，沖縄では，前者の地域からの産米の輸入が本格化した．第 2 に，USCAR が，資本と貿易の自由化を核とする「自由化体制」の下で沖縄経済を開発する構想を打ち出した．貿易の自由化が強制される中で，食糧米は数少ない輸入規制品目として認められたものの，輸入統制を段階的に緩和することが求められていった．第 3 に，1950 年代中盤の「砕米輸入ブーム」を経て，島産米価格は低下傾向にあり，稲作農家の困窮が琉球政府農政の課題の一つとなった．稲作農家が全農家戸数の 4 割を占めていた点，食糧供給の安定化という点から，琉球政府は稲作農家を保護する法制度を構想した．

　当該期においては，琉球政府が島内稲作の保護を志向した一方，USCAR は食糧米輸入規制の緩和を目指していたのであり，両者の政策課題は部分的に対立していた．本章では，両者の政治力学の下で，沖縄の食糧米政策がどのように形成されていったのかを，次のような手順で明らかにする．

　第 1 節では，USCAR が沖縄経済の開発構想を打ち出した経緯を検討する．

特に USCAR の，琉球政府による食糧米の輸入・価格に対する統制を，緩和させようとする方針について着目する．第 2 節では，琉球政府が島内稲作保護の制度として策定した，米穀需給調整臨時措置法の制定過程を取り上げる．琉球政府と USCAR の政策課題が一部対立するも，両者の妥協によって制度が形成された過程を明らかにする．第 3 節では，こうして形成された制度が，どのように運用されていったのかを分析する．USCAR の課題に配慮せざるを得なかったことによって，島産米価格支持という機能が限界づけられていた点を解明する．

1. 「自由化体制」による沖縄経済開発構想

1.1 「島ぐるみ闘争」と沖縄経済開発構想

まず，「島ぐるみ闘争」と呼ばれた，全沖縄的な反基地運動の経緯を述べる．アメリカ政府内での沖縄の長期保有方針が確定したことを受け，1950 年以降，恒久的なアメリカ軍基地の建設が開始された．「銃剣とブルドーザー」と表現された強権的な土地の取り上げが進む一方，接収した土地に対して，僅かながらも借地料（以下，軍用地料と表現）が支払われた．1954 年に，USCAR は軍用地料の一括払いへの変更を宣告した．これは事実上の土地の買上に当たるとして，一括払いや新規土地接収の反対を結集軸として，全沖縄的な反基地運動が起こった．これを受け，一括払い方式に対する検討を行うとして，1954 年，アメリカ政府からプライス調査団が派遣された．沖縄側の期待に反して，調査団の勧告は，軍用地料の水準を引き上げるものの一括払いを容認する内容であった．反対運動は盛り上がり，琉球政府の行政主席らも，抗議のために総辞任することを USCAR に伝えるまでに至った．しかし USCAR はこれを許さず，また，さらなる軍用地料の引上げによって沈静化を図った．1956 年に，那覇市長がプライス勧告を容認する立場を表明したことを契機として，全沖縄的な運動は分裂した．運動の結果，USCAR は地代を大きく引き上げ，分割払いを容認することで妥協したが，新規土地接収の停止要求は認めなかった．

この「島ぐるみ闘争」を契機として，USCARは沖縄住民への宥和的政策を模索するようになった．その中心的な手段となったのが，自治権の拡大と経済開発であった．特に経済開発によって「本土並み」の所得水準を実現することで，反基地運動を沈静化させることができると考えた．その具体的な方策として，1955年7月に「琉球列島経済計画　1956-1960」を作成した．しかし，前章で述べたように，アメリカ政府の沖縄統治コストの削減という関心の下で，USCARの財源が縮小したため，計画を遂行することができなくなった．そこで1957年3月に，アメリカから金融通貨制度調査団が派遣され，統治手段ないし政治的緊張の打開手段として経済開発を図る方途を調査勧告することとなった．結果的にはこの勧告に基づき，従来の経済政策が再編されることになった[1]．

経済開発を遂行する上で調査団が重視した課題の一つは，沖縄内の技術水準や資本蓄積が未熟であることであり，もう一つが，同時期のアメリカ政府の財政状況から，沖縄の経済開発資金を得ることが困難なことであった[2]．そこで調査団は，民間資本の活用，すなわち外資の導入に着目し，それを促進する政策的保証として貿易・為替及び資本取引を大幅に自由化した，いわゆる「自由化体制」を打ち立てることを勧告した．同時に，それを通貨面から支持する政策として，ドル通貨制への移行を掲げた[3]．こうした構想をUSCARは受け入れ，1958年9月に高等弁務官布令により，資本取引の自由化及び貿易・為替取引の自由化を打ち出すとともに，B円のアメリカドルへの切り替えを実施した．

1.2　「自由化体制」への琉球政府の対応

前項で述べた「自由化体制」下での経済開発方針に対して，沖縄内からは反対意見が出された．琉球政府行政主席の諮問機関であった経済審議会が，通貨の切り替えに反対する建議書を作成した．琉球政府立法院も通貨対策特

---

1) 琉球銀行調査部編『戦後沖縄経済史』琉球銀行，1984年，564頁．
2) 牧野は，ガリオア援助金額の推移を検討し，アイゼンハワー政権が緊縮財政を実施した1954年度以降，同金額が急激に縮小されたことを指摘している．同上，565頁．
3) 同上，565頁．

表 2-1 輸入規制品目

目的	品目
県内企業保護	小麦粉，麺類，塩，紙袋，釘，王冠，茶，鉄棒，パイン加工品，ブロイラー等
価格安定	米，肥料
数量チェック	砂糖，非鉄金属屑，亀，貴金属製品及び貴石製品
風俗営業上	パチンコ機械，ピンボールマシン，スロットマシン及びコインオペレットマシン
USCAR 管理	石油製品
その他	自由貿易地域から輸入される品目，バナナ，軽量ブロック

注：「目的」は，牧野の分類による．なお，輸入規制品目については，年次によって若干の入れ替わりがあった．本表は，牧野が「自由化体制」確立後の輸入規制状況を取りまとめた資料から作成した．
出所：牧野浩隆「自由化体制の確立」(前掲『戦後沖縄経済史』592 頁) より作成．

別委員会で，外資導入を含めた「自由化体制」に対して反対する要請文を採択した．しかしながら先述のように，ドル切り替えを嚆矢として「自由化体制」の樹立が図られた[4]．

こうした状況において琉球政府は，「自由化体制」の下でも域内産業を一部保護することを図った．すなわち，輸入規制品目を設け，輸入を禁止，許可制または割当制にした．この輸入規制品目の一例を示したのが，表2-1である．

輸入規制品目への指定は，USCAR との協議が必要であった．輸入規制品目は，年度によって若干の入れ替えがあったものの，最も多い年度でも30品目を上回ることはなかった．

輸入規制の対象となる品目が限定的であった中で，食糧米がそれに含まれていた要因は，次のように考えられる．すなわち，主食である米の輸入規制を緩和することで，島内での価格を引き下げることができれば，沖縄内資本及び沖縄外資本にとっては，賃金の相対的な抑制を通して，資本蓄積を促進することになる．にもかかわらず，USCAR が琉球政府に食糧米の輸入を規

---

4) 以上は，同上，577-580 頁による．

制することを認めていたのは，住民食糧の安定供給という点で重要性を認めていたことによると思われる．前章でみたように，USCAR は 1950 年代後半から指定業者の枠の拡大を求め続けていた．輸入規制の緩和ではなく，指定業者の枠の拡大を通した沖縄内での流通段階での競争政策によって，輸入米の小売価格を引き下げることを目指した．このように，USCAR が琉球政府による食糧米輸入規制に同意していたことは，琉球政府が島産米の保護政策を策定することを許容する与件となった．

2. 島産米価格支持政策の策定と USCAR による修正過程

2.1 事前・事後調整の経緯

本節では，琉球政府が島産米保護政策を構想し，USCAR との幾度かの調整を経て実現していく過程を明らかにする．この過程をまず概観すれば，島内稲作の保護を政策課題とした琉球政府は，島産米の価格支持を実施するための制度を構想していた．それを 1958 年に米価安定法案としてまとめ，事前調整のため USCAR に提出したが，強固に反対され，実現することができなかった．その際の反対意見を踏まえ，翌 1959 年に米穀需給調整法案を策定し，再度 USCAR に提出した．事前調整において，同法案は修正がなされ，米穀需給調整臨時措置法と名称を変えることで，USCAR の許可を得ることができた．本項では，琉球政府内における島内稲作保護政策の構想が，米穀需給調整臨時措置法案として結実するまでの過程を明らかにする．

前章で述べたように，1950 年代中盤以降の砕米の流入は，沖縄内の米価水準を大きく引き下げることになった．島内稲作はこの影響を強く受け，青田売りが多発し停滞していった[5]．こうした状況に対して琉球政府は，1955 年から島産米価格の安定化に取り組んだ．初期の対応について，沖食の社史には以下のように記述されている．

---

5) 琉球銀行「米――その流通と価格」『金融経済』（琉球銀行調査部）第 125 号（1963 年 4 月）．及び宮里清松・村山盛一「稲」（沖縄県農林水産行政史編集委員会編『沖縄県農林水産行政史』第 4 巻（作物編），農林統計協会，1987 年）．

「こうした状況［島産米価格が低迷していたこと—引用者注］に対して琉球政府は昭和30年（1955年）から島産米価格の安定化に取り組み，経済局が農連，協同組合中央金庫（中金），当社の関係者を集めて籾買上制度の検討がなされた．数度にわたる協議会で，集荷は農連，販売は当社，資金は中金が担当することを決め，買上量・価格などの基本方針まで立てたが，資金・販売面に課題が残った．翌年も同様に検討したが，実施には至らなかった．

　しかし昭和32年（1957年）に政府局長会議で島産米の政府買上げ問題が再び取り上げられた．12月には輸入米の差益金を島産米籾買上資金の一部にあてるという案が審議されたが，翌昭和33年3月には差益金をあてる案をやめ中金が出資する案へ変更，その線で進められ6月に〈米価安定法〉案が策定された．しかし，米国民政府は自由販売の立場を取り，琉球政府が外国産米の輸入量・販売価格を指示することや島産米保護策に難色を示したといわれている．そのため8月には米価安定法の立法は困難とみなされ，この年の立法勧告は見送られた．」［原文ママ］[6]

琉球政府は，当時配給業務を単独で担っていた沖食とともに，島産米保護を図ろうとした．沖食が持っていた外米の流通機構を利用することで，島産米の販路を拡大し，特に都市部での販売を通して，その価格水準を引き上げることを目指したと考えられる．しかしこうした島産米保護政策を構想するも，事前調整の段階でUSCARが反対したことで，実現はしなかった．米価

---

[6]　沖縄食糧株式会社『沖縄食糧五十年史』沖縄食糧株式会社，2000年，122頁．引用文中の組織について補足しておけば，農連は協同組合連合会を指す．また，協同組合中央金庫は，1952年の琉球政府立法「協同組合中央金庫法」により設立された，農漁業協同組合の中央金融機関である．なお，当時の農協は，戦前の「農業団体法」（1943年）に基づく組織ではないことに留意する必要がある．沖縄諮詢会の下で各市町村に設置された農業組合及びその連合会が，1951年のUSCAR布告「琉球協同組合法」によって，農業協同組合及び農業協同組合連合会と名称変更された（同法の下では，信用事業を行うことはできなかった）．その後，1956年の琉球政府立法「協同組合法」によって，信用事業を含めた4種兼営の農業協同組合が新たに発足した．高良亀友「戦後の沖縄における農業立法の変遷と特質（1）」『沖縄農業』第9巻第2号，1-12頁，1970年，及び同「戦後の沖縄における農業立法の変遷と特質（2）」『沖縄農業』第10巻第1・2号，1-12頁，1971年．

安定法案の立法化に向けて，当時 USCAR との交渉に当たった琉球政府経済局農務課長は，以下のように USCAR が主張していたと語っている．

「いわゆる米作農家の米がコストに引き合わないような値段で売るという問題はこれは経営上の問題であるので，経営改善を十分に指導するのが主体じゃないかそれをやらずにいわゆるそういう保護という一つの膜で包んでいくということは正しい指導の在り方ではない……」[原文ママ][7]

米価安定法案については，資料的な制約から，その詳細な内容は不明である．しかし，後述するように，米穀需給調整法案への USCAR のコメントを踏まえると，外米の統制や島産米の保護は条件付きで認められていたのであるから，協同組合中央金庫の出資によって島産米の価格支持を行うことが事前調整において認可されなかった要因であると推察できる．差益金のみで島産米価格支持を行う制度に比べ，財源の自由度があり，日本（本土）の食糧管理制度のような強度の島産米保護が実現可能であった点で，USCAR は米穀需給調整法案に反対したと考えることができる．

米価安定法案が USCAR によって拒否されてもなお，琉球政府は島産米買上制度の策定を目指した．その目的は，食糧需給の安定と，稲作農家の保護という 2 点であったが，当該期において琉球政府は後者の点を重視していた．琉球政府官僚は，こうした制度が必要な理由として，以下の 2 点を立法理由として挙げた．すなわち第 1 に，沖縄内農家戸数の 4 割が稲作農家であること．第 2 に，稲作地域の中心が都市から離れた沖縄島北部や離島，八重山にあり，それらの地域ではアメリカ軍基地関連産業を中心とした農外労働機会が限られているために，農家の現金収入源として特に稲作が重要であったこと[8]．前章で述べたビルマ米の長期輸入契約等によって，量的には外米の供給源を確保していたことで，食糧需給の安定ということは強調されなかっ

---

7) 当時経済局農務課長であった大城守の，米価安定法案が USCAR に拒否された経緯についての発言による．「第 18 回議会（定例）立法院経済工務委員会議録」（以下，同委員会の会議録については，本書を通じて，「第 18 回（定例）会議録」のように略す）第 17 号（1961 年 3 月 17 日）．

た[9]．

　米価安定法案が廃案になった翌年の1959年，琉球政府は再度の島産米保護制度として，米穀需給調整法案を立案した．その内容は，輸入米に差益金を課し，それと一般会計からの支出を原資として島産米及び一部の輸入米に対して価格補助を行うことで，米価の安定と島内稲作の保護を図るものであった．政府による買上は強制ではなく，生産者が希望する量を政府が買い上げ，その分に対して価格支持をすることになっていた．

　USCARとの調整過程を確認すれば，次のような経緯で立法が許可されることになった．USCARは，「島産米の価格補助及び輸入米の価格統制は，USCAR及び琉球政府の自由主義経済政策に反するものである」[10]として反対の立場を取った．USCARは，同法案を認める条件として，「暫定的な措置とすること，指定業者の枠を3社よりも増やすことが必要である」と指摘した．さらに，「一般会計からの支出を行えば，その支出はすぐに増大していくだろう」として，一般会計からの繰入を認めなかった．

　この意見を受け，琉球政府は，米穀需給法案に対して，島産米及び輸入米の価格補助を差益金のみで行い，一般会計からの支出を行わないこと，及び

8） 経済局次長であった当銘由憲の説明による．「第14回（定例）会議録」1959年第65号（1959年5月27日）．なお，当該期の立法院経済工務委員会について確認すれば，委員会は，委員長と副委員長の各1名の他，5名の委員から構成された．所属議員を述べておくと，以下のようになる．委員長：宮里金次郎（沖縄社会大衆党，以下社大党と略），副委員長：瑞慶覧長仁（社大党），委員：真栄城徳松（琉球民主党，以下民主党と略），吉元栄真（民主党），新垣安助（無所属），喜納政業（民主主義擁護連絡協議会，以下民連と略），久高将憲（民連）．本書では触れないが，琉球民主党が親米協調路線に立つ保守政党であった．しかし，前年1958年の第4回立法院議員選挙では，土地問題に対する批判から，琉球民主党は17議席から8議席に減少した一方，社会党と民連が躍進した．なお1959年10月，琉球民主党は解党し，保守系無所属議員を取り込み沖縄自由民主党が新たに結成され，次期行政主席となる大田政作を輩出した．

9） なお補足すれば，本文で述べる米穀需給調整法案には，島内稲作の保護の目的として両者の点がともに挙げられていた．同法案第1条が「住民食糧の確保及び住民経済の安定を図る」ことを制定理由として掲げていたように，食糧米需給の安定化という点を軽視していたわけではない．

10）「Bills Concerning "Provisional Rice Demand and Supply Adjustment", and "Provisional Rice Demand and Supply Adjustment Special Account"」（1959年6月25日）（琉球政府総務局『対米国民政府往復文書　受領文書　1959年　経済局』（R00165637B），所収）．

3年の時限立法とすることの2点の修正を行い,「米穀需給調整臨時措置法案」へと名称を変更した上で,立法院に送付した.

法案について,立法院本会議の採決の前に,立法院経済工務委員会で審議が行われた.委員会では,沖縄の食糧需給の安定という点から,次の2点が特に問題となった.第1に,日本(本土)のような食糧管理制度によって,島産米の全量買上を実施すべきだとする主張が,委員から出された.

「会計の面からするというと,これは今まで,政府はこの米の問題,食糧問題は根本的にアメリカが基地と結びつけてですね,基地であるためには災難があり得るということを予想しなければならない.そのためには食糧の確保ということがまず第一に,第一義的に考えなければならない.そうするとわれわれもそれに対しては責任をもって食糧米の問題は検討しなければならない.……[中略]……根本的に沖縄が現在の立場にありえるとするならば,一応日本の措置よりもはるかに沖縄はつとにそういう補給米獲得制度を持つためには,農家にも安心させて買上げて,そして輸入米とのバランスを取らしてそして配給制度にするということであれば農家も常に安心した価格でもってだんだん生産意欲をもつ……」[11]

USCARとの事前調整の内容を,琉球政府官僚は委員らに説明することはなかった.そのため,差益金のみで島産米の価格支持を行うのではなく,一般会計からも支出し,かつ生産量の全量を買い上げる,日本(本土)の食糧管理制度のような強度の島産米保護を,一部の委員が求めることになった.琉球政府が稲作農家を保護する手段として,島産米保護を重視する一方で,委員は食糧供給の安定的確保という点で,島内稲作を保護することを重視しており,結果的には両者の政策目的が共有されていた.特に,当時の冷戦構造とアメリカ軍基地の存在に由来する沖縄の政治的不安定さは,後者の性格を強調する一つの材料となっていた.ただし,こうした意見に対し委員の一部は同意したものの,他の委員や農林局官僚は,琉球政府の一般財政に余裕

---

11) 吉本栄真立法院議員の発言.前掲「第14回(定例)会議録」1959年第65号(1959年5月27日).

がなく財政支出することができないこと，日本（本土）のような食糧管理制度をUSCARが許さないだろうことを主張し，反対した[12]．

第2に，指定業者の選定が問題となった．天災に伴う指定業者の損失を琉球政府が補償するという法の性格から，天災に対応する条件を備えた倉庫を一定以上保有することが，指定業者の条件であると確認された．さらに，経営不振によって割当分の輸入が困難となる恐れを指摘し，指定業者の拡大を牽制する意見が委員から出された．食糧需給の安定化のために指定業者の枠を抑制すること，むしろ一社に統合することを求める層が沖縄内に一定程度あった[13]．

このような論点を抱えつつも，経済工務委員会では，ほとんど原案通りに可決された．その後，立法院本会議にも提出，採択された．そこで，USCARとの事後調整に臨むことになった．事後調整においては，事前調整と同様に，将来的に指定業者を拡大することの必要性が指摘された．さらに，状況に応じて3年の時限を待たずに同法を停止することを考慮することを条件に，USCARは米穀需給調整臨時措置法を認可した．

2.2　米穀需給調整臨時措置法下の食糧米流通と価格の管理

本項では，前項で述べたような経緯を経て成立した米穀需給調整臨時措置法（以下，米需法と略）の下での食糧米流通機構と価格統制制度を整理する．

まず，食糧米取扱業務を担う会社を琉球政府が指定するという，指定業者制度について確認する．指定業者制度は，琉球政府が指定した商社に限り，

---

12)　前注の吉本委員の発言の前に，日本（本土）のような産米全量買上について，経済局次長であった当銘由憲が，「これが好ましいとは思うんでございますがね……．」と述べつつも，「それだけの財源と特別会計予算を持つのが非常に困難であります．」として実現可能性を否定した．また，吉本委員の発言後には，真栄城徳松委員が，「政府にそれだけの資金量がない．食管制をまず軍が許さないだろう．」という発言をした．同上資料による．

13)　指定業者の1社統合案の代表的なものとして，後述する大山朝常（コザ市長（当時），社大党）が地元紙に投稿した論考がある．『琉球新報』（1961年7月30日）．後に，コザ市で販売業を営んでいるという読者から反論が寄せられ（1961年8月11日，同年同月12日），さらに大山が再反論する（1961年10月28日）という紙面でのやり取りとなった．

食糧米取扱業務を許可する制度であった．その指定条件として，米穀の輸入及び販売を主たる業務としていること，払込済資本金の額が10万ドル以上の法人であること，保温防湿設備等一定条件を備えた収容能力1,000トン以上の倉庫を保有または確保し得る者であること，事業運営が適当と認められる者であることの4点が挙げられた．琉球政府は指定業者に対して，外米輸入の実施の指示や，販売価格の規制を行うことができ，それを通じて外米と島産米との需給や価格の調整を実現した．米需法の制定と同時に，従来から食糧米取扱業務を行っていた沖食，琉食，一食の3社が指定業者として認可された[14]．

米需法下での食糧米流通機構を，図2-1で示した．このうち外米についてみれば，琉球政府が毎年輸入量の総量を定め，輸入枠を指定業者3社に割当てた[15]．輸入米のうち，政府間で輸入契約が結ばれたビルマ米等の銘柄については，指定業者が琉球政府に代わり，代金の支払い，荷受等の業務を担った．その他の部分については，琉球政府が銘柄と輸入量を指定した．指定業者3社は共同で，指定銘柄を買い付けた[16]．どの外米をどれだけ輸入するのかについては，琉球政府が一元的に管理し，各指定業者が独自に食糧米の輸入を行う余地はなかった．指定業者は，輸入米を指定小売店に売渡した．なお後に，取扱量の多い指定小売店を「営業所」として系列化し，卸販売業を担当させるようになった．

他方で，島産米の流通においても，指定業者が中核となった．生産者は，

---

14) 米需法施行規則第3条．
15) 1959年11月7日に定められた1960年次の補給米55,000トンの輸入割当は，沖食32,000トン，琉食13,000トン，一食10,000トンであった．3社の割当比率は，沖食58.2％，琉食23.6％，一食18.2％に相当する．なお，この割当比率は，1962年3月10日に，沖食55％，琉食24％，一食21％に改定された．前掲『沖縄食糧五十年史』124-125頁．なお，同資料では，「その後は昭和40年7月に輸入取扱量は自由化され，この枠も取り払われることになる．」と記述されているが，次章で述べるように，琉球政府による輸入米の各社への割当は，1963年3月の「自由化」をもって撤廃されるのであり，この記述は不適切であると思われる．
16) 沖食の業務報告書において，3社で構成した「米穀協会」の名で，ビルマ米や豪州米，加州米の買付契約を行ったことが記されている．沖縄食糧株式会社「第11期業務報告書」（1960年4月1日〜1961年3月31日）（大山朝常資料B，所収）．なお，大山朝常資料については，後述する．

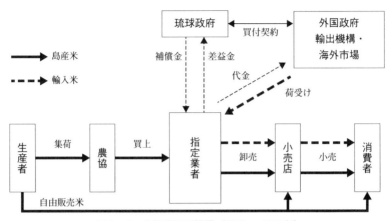

図2-1 食糧米流通機構（1959～1962年）

注：補償金，差益金については本文参照．
出所：前掲，琉球銀行「米――その流通と価格」を参考に作成．

農協へ売り渡すか，自ら販売するかを選択できた．農協が集荷した分は，指定業者によって買い上げられ，その後は外米と同様に，小売店に卸売された．

以上の過程において，琉球政府は価格統制を実施した．外米の卸売価格と小売価格が定められた他，政府買上の島産米については，卸売価格と小売価格に加えて，農協が生産者から買い上げる価格（集荷価格）と指定業者が農協から買い上げる価格（買上価格）が，琉球政府によって指示された．生産者が自ら販売する部分は，価格統制の対象外とされた．外米の価格管理及び島産米の価格支持を実施するにあたり，琉球政府はその財源として，外米から差益金を徴収した．差益金制度について整理すれば，まず，指定業者が食糧米を取り扱う際の経費及び利潤は，琉球政府が決めた一定額とされた．指定業者がこの枠を超えた利潤を得た場合は，それを差益金として，政府に納入する義務を負った．逆に，利潤がその枠を下回るか欠損が出た場合は，その分を政府が補償した．例えば，ビルマ米に対して，1959年の輸入の際は補償金を支出して小売価格を補助したが，翌1960年に輸入した際には差益金を徴収した．この両年においてビルマ米1トン当りに課された差益額（外米1トン当りに課された差益金の額，以下同様），または支出された補償額（外米1トン当りに支出された政府補償金の額，以下同様）を示すと，表2-2のようで

表2-2 差益額の算定方法（ビルマ米）

単位：ドル

輸入年次	1959	1960
仕入価格	123.5	111.3
経費	11.1	11.5
利潤	20.0	20.0
計(A)	154.6	142.8
調整小売価格(B)	150.0	150.0
差益額	-4.6	7.2

注：マイナスの差益額は，補償金を支出したことを示す．
出所：「米穀需給臨時措置の参考事項」（琉球政府経済局
『米穀需給調整臨時措置法による産米買上に関する書類』
1963年度，所収）．

あった．改めて確認すれば，1959年次に買付契約をし，輸入されたビルマ米については，1トン当り仕入価格に経費及び利潤を加えた額154ドルが，調整小売価格（琉球政府によって定められた銘柄別小売価格）の150ドルを上回ったため，卸売業務を担った指定業者に赤字が発生することになった．そこで琉球政府は，その赤字分に当る4ドルを指定業者に補償した．一方，1960年次には，1トン当り仕入れ価格が低下したため，それに経費及び利潤を加えた額142.8ドルが，調整小売価格150ドルを下回った．指定業者はその差額7.2ドルの超過利潤を得ることになるため，その額を差益金として琉球政府に納めた．差益金及び補償金を管理するため，米穀需給調整臨時措置特別会計法が同時に制定され，差益金を主な歳入とし補償金を主な歳出とする，米穀需給調整臨時措置特別会計（以下，米穀需給特別会計と略）が設置された．

また，外米の輸入量及び外米と島産米の統制価格についての諮問機関として，米穀需給審議会（1959～1965年）が設置された．外米の買付契約が検討されるたびに審議会が開催され，これらの事項について答申を出した．審議会委員は，指定業者代表，消費者代表，生産者代表，学識経験者の4つの部門から，それぞれ3名，4名，4名，5名が選出され，任期は1年であった[17]．学識経験者委員について言及するならば，実際には，食糧米流通に利害関心を持つ者のうち，他3部門の枠に入らない者を審議に参加させるための枠として利用されていた．1961年度の委員を例にすると，食糧米の運搬に関連

---

[17] なお，立法院経済工務委員会に提出した時点での米需法案では，指定業者代表の枠は2名となっていた．

する海運事業の役員が2名,外米買付資金の貸し付けを行った琉球銀行の役員が1名であった.残る2名は,琉球大学教員と農林漁業中央金庫[18]役員であったが,後に確認するように,米穀需給特別会計は余剰金を農林漁業中央金庫に貸し付けていたという関係があった.

　審議会では,琉球政府が諮問案を呈示し,それをもとに審議が行われた.審議会の議事録は作成されなかったとされている[19]が,琉球政府案を含む「審議会参考資料」は数点残っている[20].これらを確認する限り,琉球政府案が審議会によって改訂されることはなく,すべての回で審議会答申として採択されていた.ただし,この審議過程については,1960〜1961年度に審議会委員を務めた大山朝常が,「琉政案に反対し委員くびになる」[21]とするメモを残しており,琉球政府案に反対するような委員は再任されなかったことが示唆される.

---

18) 前述した協同組合中央金庫が1958年に名称変更したものである.高良「戦後の沖縄における農業立法の変遷と特質 (2)」.
19) 少なくとも1963年2月までは,審議会の議事録が作成されていなかった.「the Ryukyuan Rice Situation」(1963年2月15日)(USCAR経済開発部『Industry and Commercial Enterprise Guidance Files, 1963 (G): Rice Importation』(沖縄県公文書館資料コード:0000011805,原資料は国立アメリカ公文書館所蔵,Record Group 260: Records of the United States Occupation Headquarters, World War II, Department: The Economic Department, Box No. 200 of HCRI-EC, Folder No. 1),所収).
20) 1963年度より以前の「審議会参考資料」については,沖縄県公文書館にも所蔵されておらず,管見の限りでは,審議会委員を務めた大山朝常の資料に残されているのみである.大山の資料は,沖縄国際大学南東文化研究所が所蔵しており,米穀需給審議会に関連した資料は以下の2点がある.「米穀需給審議会」(作業番号:箱5-1-17,原資料番号819,原タイトル「米穀需給審議会」),以下,「大山資料A」とする.「資料一綴 米穀審議委員の時,琉政案に反対し委員くびになる」(作業番号:箱22-3-11,原資料番号1267,原タイトル「60 米穀審議委員記」),以下,「大山資料B」とする.これらに含まれている「審議会参考資料」は,1959年10月,1960年4月,同年11月(以上,「大山資料B」所収),1961年4月(「大山資料A」所収)の4点である.
21) 「大山資料B」所収のメモによる.なお,「くび」になった明確な理由は不明であるが,後に見るように,大山は指定業者を1社に統合する案を地元紙で展開していた.審議会でも同様の主張を繰り返したために,1962年度は委員として採用されなかったのではないかと推察する.

3. 米需法下の外米・島産米の需給と価格の調整

3.1 外米輸入をめぐる諸問題

　本節では，米需法下で食糧米の需給と価格の調整がどのように実施されたのかを明らかにする．本項では，食糧米の需給調整について，輸入米を中心に検討する．先述のように米穀需給審議会の議事録は残っていないため，「審議会参考資料」を用いてこれに迫りたい．

　輸入米については，まずその総量を，米穀需給審議会での審議を経て出された答申を踏まえて，琉球政府行政主席が決定した．食糧需給計画が判明する1960年次及び1961年次の輸入量の算定資料を示せば，表2-3のようであった．個別の項目における数値を，当事者がどのように算出したのかについては実証できないが，主食供給量の約7割を，食糧米と砕米によって賄う計画であった．主食需要量の増加に対して，外米の供給量を増加させることで対応しており，主食の需給計画において外米の輸入は，極めて重要な項目であった．

　ただしその内訳，すなわち，どこからどれだけの外米を輸入するのかは，琉球政府と指定業者の協議によって決められた．当該期においては，こうした事項について，USCARが介入することはなかった．したがって，住民が希望する銘柄と，差益金ないし補償金の収支という琉球政府の関心に沿ってそれらは決定された[22]．

　外米の銘柄別輸入量の推移を，表2-4で示した．なお，本表には砕米の輸入量は含まれていない．当該期における輸入米の中心は，ビルマ米であった．

---

[22]　以上の記述は，「米穀需給審議会参考資料」（1959年10月）（「大山資料A」，所収）への，大山氏による以下のような書き込みをもとに推察したものである．「一．経済局と米穀協会との協ぎで［改行：引用者注，以下同様］　どこから何をいくら買うかは上記の協ぎで［改行］50%　ビルマ米－大衆米［改行］50%　差益の出る米を輸入してゐる」「60, 55,000T 決定［改行］何米を買うか　差益金をかんあんして仕入地を考える」「大衆このみ／買付は自由……民政府の指示はない」．これらの書き込みは，琉球政府官僚による説明をメモとして残したものと考える．

表2-3 外米と島産米の需給調整構想

単位：トン（白米換算）

年次	主食需要量			供給量					
	人口からの需要量	翌年への繰越		外米		食糧米 鳥産米		砕米	自給甘藷カロリー換算	小麦粉・麺類等
				輸入予定	前年繰越	生産見込			
1960	127,500	12,000	139,500	55,000	10,000	28,900		10,000	16,600	19,000
1961	131,400	12,000	143,400	40,000	30,000	28,000		10,000	20,000	15,400

出所：「米穀需給審議会参考資料」（1960年4月,1961年4月）より作成.

表2-4 銘柄別輸入状況、小売価格及び差益額の推移（1959〜1962年）

単位：トン、トン当りドル

	1959年			1960年			1961年			1962年		
	輸入量	価格	差益額	輸入量	価格	差益額	輸入量	価格	差益額	輸入量	価格	差益額
ビルマ米	29,987	150	-4.00	31,366	150	7.20	20,240	150	4.10	9,449	150	4.03
豪州米	5,955	160	10.00	7,022	180	31.30	4,535	180	29.60	9,011	180	17.04
加州米	5,009	250	56.00	4,484	180	11.00	13,452	180	8.65	9,457	180	-2.94
韓国米	8,009	220	35.00									
台湾米				8,241	180	31.40				19,922	200	22.47
スペイン米				5,890		—						
その他												
合計	48,960			57,003			38,227			47,839		

注：1）年次は入荷年次を示す。また、輸入量は白米換算である。
2）差益額は輸入回ごとに定められ、同一銘柄であっても、入荷回数の変動に応じて差益額も上下する。また、小売価格は、同一輸入回であっても販売時期によって価格が変更されることもあったため、煩雑さを避けるため、本来ならば各年次初回輸入分の小売価格と、銘柄ごとの差益の各年次初回に定められた小売価格のみを記載した。なお、差益額がマイナスの場合は、補償金を支出したことを示す。
3）注2のような状況にあった銘柄の代表例として、1959年1月1日〜1959年12月20日）トン当り35ドルの差益額で小売価格が定められていた。しかし、1959年12月21日〜1960年8月31日、160ドル当初（1959年1月1日〜1959年12月20日）トン当り35ドルの差益額で小売価格が定められていた。しかし、1959年12月21日〜1960年8月31日、160ドルにとって、この価格では売行きが悪かったため、その後2回にわたって小売価格が引き下げられた（200ドル：1959年12月21日〜1960年8月31日、160ドル：1960年9月1日〜）。この価格引き下げに伴い、200ドルで販売した分については15ドルの差益を徴収し、160ドルで販売した分については、逆に25ドルの補償金を支出することになった。

出所：琉球政府『琉球統計年鑑』各年版及び同経済局「積算計算書」各年度（同「米穀需給特別会計関係」）（R00053549B）所収）より作成.

同銘柄は，韓国米や加州米等の上級米に比べて食味は劣ると評価されていたものの，価格の低い大衆米として重要視されていた．さらに，琉球政府とビルマ政府の政府間契約によって，年間3万トンの輸入が確保されていた．また，1959年次に補償金が支出されていたものはビルマ米のみであった．制度設計の当初から補償金支出が想定されていたという点で，他の銘柄の外米とは位置づけが異なった．琉球政府はビルマ米については，安価な大衆米として供給可能であることを重視していた．1959年には補償金が支出されていた一方で，1960・1961年次においては差益金が課されているが，それは輸入価格が十分に低く，差益金を課しても1トン当り150ドルという小売価格が実現可能であったことによる．

　ビルマ米以外の外米についてみれば，その特徴として，砕米の比率の高い安価なものであったことが挙げられる．すなわち，1960年買付分を確認すると，スペイン米と加州米が砕米率25％，豪州米が30～40％，ビルマ米が35％であった．第4章でみるが，1960年代中盤以降は，砕米率は10％以下の加州米が中心になるのであり，この時期の食糧米輸入は，1950年代中盤からの砕米輸入の拡大の延長線上に位置づけることができる．琉球政府は，こうした安価な外米の小売価格を，ビルマ米と比べて高い水準に定めた．この価格設定により，最大で小売価格の構成の15％，1トン当り30ドルを超える差益額を徴収することができた．差益金を賦課することを前提とした相対的に高価格の小売価格が設定されたという点で，琉球政府はこれらの外米については，ビルマ米に対する上級財として位置づけていたといえる．

　しかしながら，こうした状況は1962年次に転換した．加州米の価格が上昇したことから，補償金を支出することになった．この経緯を考察するならば，終戦から1950年代中盤までの食糧が不足していた状況では，外米の調達において最も重視されていたのは量の確保であり，その後，国際需給が緩和すると，低価格であることが求められていった．それゆえ，米需法制定後初期には，長期契約によるビルマ米を中心とする輸入体制がとられ，補償費を支出して低価格の小売価格設定がなされた．それに対して，加州米や豪州米等の上級米は差益金を賦課することを前提とした相対的に高価格の小売価格の設定がなされた．しかしながら，この価格差にもかかわらず，沖縄の消

費者は後者を選好する傾向が強くなっていった．実際，1960年ごろから，ビルマ米の売れ行き不振が問題となった．前掲の表2-3には示していないが，1961年産のビルマ米の売れ行きが悪かったため，1963年には売れ残り分をベトナムへ再輸出するほどであった[23]．こうした状況下で，琉球政府としても，上級米を中心とした外米輸入体制へと転換を図った．これに伴って，外米の小売価格安定政策も，従来のビルマ米のみを対象としたものから，上級米を対象とするものへと転換し始めた．それを示す事例が，1962年次における加州米への補償金支出であった．

琉球政府の外米小売価格安定政策の対象が，ビルマ米から加州米へと転換したことに対して，沖縄内からの異論もあった．地元紙は，ビルマ米から差益金を取り加州米へ補償金を支出することになることを指し，「貧しい人がゆとりのある人々のために差益金を取られる．こんな不合理は許せまい」とする論調を張った[24]．後に見るように，米穀需給特別会計が多額の余剰金を出していたことから，最大で1トン当り30ドル以上にも上る差益額を引き下げるべきであるとの意見も出された[25]．次章で検討するように，外米に対する差益金を引き下げ，その輸入を「自由化」する政策につながるものであった．

以上で確認したように，米需法制定〜1962年までの間において，沖縄内消費者の嗜好の変化によって輸入先が変動し，輸入米に占める上級米の割合が増えていった．とはいえ，琉球政府による輸入統制によって，量的には，島産米の生産量を踏まえて調整される水準にとどめられていた．それゆえ，安価で食味も良い上級米の量が増えたとしても，島産米の価格を大きく引き下げるような影響はなかった．

3.2　島産米の買上事業

本項では，米需法による島産米買上事業の実態を検討する．

琉球政府島産米買上事業の実績を，表2-5で示した．なお，1959年次は，

---

23) 琉球政府企画局『歳出決算報告書』1963年度，米穀需給特別会計の項による．
24) 『沖縄タイムス』(1962年11月7日)．
25) 同上．

表2-5 島産米買上量の推移

単位：ha, トン（白米換算），%

年次	作付面積	生産量	買上量		
			予定量	実買上量	充足率
1955	12,532	26,807			
1956	12,136	22,879		―	
1957	11,849	26,180			
1958	11,530	26,717			
1959	11,730	21,935	3,047	―	―
1960	11,728	28,285	10,000	6,607	66.07
1961	10,520	22,397	10,000	5,435	54.35
1962	9,717	22,198	8,000	5,624	70.30

出所：加用信文監修，農林統計研究会編『都道府県農業基礎統計』農林統計協会，1983年，琉球政府「公報」及び同『琉球統計年鑑』各年版より作成．

当初は2期米のみを対象とした買上を計画していたが，台風の影響で実施されなかった[26]．したがって検討対象は，1960〜1962年の3年間となる．

まず，買上予定数量をみる．1960年次を例にとると，前掲表2-3でみた生産量見込に対して買上予定量は34.6％であった．実生産量は見込量よりも下回っており，これに対する買上予定数量の比率はこれよりも若干高くなるものの，1960年次から順に，35.4％，44.7％，36.0％であった．この買上予定量の総量については，米需法以前の農家の販売量の推計が基礎になっていると考えられる．同量について経済局官僚は3割程度と見積もっており[27]，

---

26) 『琉球統計年鑑』では，1960年次以降の産米についての買上量のみ記載されている．1959年次2期米の買上については，これに相当する1960年度米穀需給特別会計の歳出を確認したところ，島産米への補償金は支出されておらず，「59年7月〜11月における台風被害により，島産米買上予定量9,000屯に対し，売渡申込皆無のため買上不能となり，ビルマ米の補償のみにとどまった」と記述されていた．琉球政府企画局「歳出決算報告書」米穀需給特別会計，1960年度．筆者もこの件について，また，前掲「審議会参考資料」（1960年4月）に「2期作買上はない」との大山の書き込みがあり，買上は全くなされなかったと考えられる．なお前者の「島産米買上予定量9,000屯」とする記述については，「審議会参考資料」や琉球政府「公報」が同年度の買上予定量を3,047トンとしており，矛盾する．しかし，翌1961年次は1期作・2期作を合わせた買上予定数量が1万トンであることから，9,000トンという数量は，1959年次の1期作・2期作の合計買上量として，当初経済局内で算定されていたものだと考える．本章第2節で述べたような状況により，米需法の制定が遅れ，1期作の買上を断念せざるを得なかったため，この9,000トンの数量は公表されることがなかったと推察される．

この比率によって算出したのだろう．設定された買上予定量は，実際には，買上許容量として機能した．すなわち琉球政府は，各農協に買上量を割り振り，この範囲内において産米の買上を許容した．同時に，指定業者に対しても各農協からの買上量を割り当てた[28]．

買上量を各農協に割り当てたことで，実買上量は予定量の枠内に収まることになる．とはいえ，前掲表2-5の充足率は，5～7割の水準にとどまっていた．この要因として，琉球政府の価格補助が低かったことが挙げられる．島産米の公定価格の推移は，表2-6で示した通りであった．同表から，1960～1962年次の3年間において，島産米買上事業によって補助されたのは，集荷段階から小売店で販売するまでの経費に限られていたと考えられる．政府買上分の島産米の小売価格は，外米に比べてかなり高く設定されていたが，市場価格＝自由販売米の小売価格よりは低い水準であった．先に述べたように，当該期における輸入米は，砕米率が高く，比較的安価であった．そのため，島産米の品質の優位は大きく，こうした価格水準を実現していたと推察される．

とはいえ，表2-6で示した集荷価格は，おおむね生産費を下回る水準であった．琉球政府の生産費調査によれば，1960年から順に生産費は，229ドル，232ドル，260ドルであった．同表で示した小売価格からは，琉球政府の島産米買上事業を通さない自由販売についても，長期的に島産米の再生産を実現するような生産者価格は実現できなかったといえる．以下では，琉球政府が集荷価格を引き上げることができなかった点について，米穀需給特別会計から検討する．

---

27) 経済局農務課長（大城守）の発言による．1957，1958年の2か年について，市町村の報告をもとに推計したとされる．「第14回（定例）会議録」1959年第65号（1959年5月27日）．

28) やや時期は遅くなるが，1963年次の買上において，各農協・指定業者に買上量を割り当てたことを示す資料がある．「通知案（1）／島産米穀の買上について（指示）」（経済局農務課・湧上友雅起案（1963年8月16日），同年同月17日決裁（経済局））（琉球政府経済局「島産米買上関係」1964年度（R00053543B），所収）．次章で検討するように，1963年4月に食糧米輸入が「自由化」されたものの，島産米買上の方式は1964年まで変わらなかった．そのため，1963年以前においても同様の方式で買上量を割り当てていたと考える．

表 2-6 価格の推移

単位：1トン当りドル

年次	島産米			外米		
	琉球政府買上		自由販売	補給米小売価格		
	集荷価格	小売価格	市場価格	ビルマ米	加州米	豪州米
1960	230.0	230.0	—	150.0	180.0	180.0
1961	230.0	230.0	235.6	150.0	180.0	180.0
1962	230.0	230.0	234.1	150.0	180.0	180.0

注：島産米自由販売米の市場価格は，琉球政府「小売物価統計調査」による那覇地区の月平均小売価格を，年ベースで単純平均したものである．
出所：琉球政府「公報」各号，計画局統計庁『小売物価統計調査価格一覧表』1961年4月～1962年3月（R00009980B），1962～1964年（R00008237B）より作成．

当該期における米穀需給特別会計の推移は，表2-7のようであった．まず歳入を確認すると，その大部分は，差益金収入と前年度剰余金の繰越によって賄われた．差益金の徴収額では，初めの2年の1960，1961年度では決算額が予算額を下回った一方，終わりの2年の1962，1963年では大きく上回った．また，後半の2年間では，僅かながらも，雑収入として剰余金を預託した利息収入が計上された．前年度剰余金決算額は，予算額を大きく超えた金額を得ていた[29]．1961年度以降，その額は増大し，1963年度では，差益金収入を上回り，最大の歳入項目になった．

このように前年度剰余金が拡大していったことからわかるように，実際の歳出の決算額は予算額に比べてかなりの低水準にとどめられていた．特に，島産米の政府買入価格の支持と外米の小売価格安定のために支出された補償費は，すべての年度で予算額が決算額を大きく下回った．また，予期しない事態における支出に備えるとして，予備費が設けられていた．天災等によって国際需給状況が逼迫した際に外米を買い付けるような事態を想定していた

---

29) 予算額と決算額でこのような大きな差が生じた要因の一つとして，琉球政府は予算を前年度の早い段階で作成する必要があったことを挙げることができる．制度上，琉球政府予算も，USCARとの事前調整・事後調整が必要とされていた．琉球政府内の部局は，関連するUSCAR部局と日常的に意見交換をしており，予算作成の際もこうしたつながりが生かされたが，全体レベルでの調整においてかなり時間を要したことを，当時予算の編成を担当していた官僚が語っている．宮城修・島田尚徳「里春夫・新垣雄久オーラル・ヒストリー」〈琉球大学特別教育研究経費「人の移動と21世紀のグローバル社会」戦後沖縄プロジェクト2009年度成果報告書3〉，2010年．

表 2-7　米穀需給特別会計の推移（1960 ～ 1963 年度）

単位：ドル

年度		歳入				歳出			
		差益金	雑収入	前年度剰余金	合計	補償費	事務費	予備費	合計
1960	予算	490,000	1	0	490,001	486,000	1,055	2,946	490,001
	決算	348,718	0	0	348,718	119,284	630	0	119,914
1961	予算	513,700	1	96,330	610,031	571,200	1,000	37,831	610,031
	決算	472,543	0	228,804	701,347	429,769	727	0	430,496
1962	予算	350,000	1	230,585	580,586	527,000	1,530	52,056	580,586
	決算	584,457	1,731	270,851	857,039	286,902	1,014	0	287,916
1963	予算	390,380	1	441,740	832,121	756,558	3,140	72,423	832,121
	決算	436,128	2,820	569,123	1,008,071	316,491	2,246	0	318,736

注：1）小数点以下を四捨五入して作成したため，合計が一致しない場合がある．
　　2）雑収入は，剰余金を預託した利息収入による．
出所：琉球政府企画局『歳入歳出決算　歳入決算明細書　歳出決算報告書　一般会計特別会計』1960 ～ 63 年度版より作成．

と思われるが，一度も支出されることはなかった．結果として，単年度でみたときでさえ，各年度の歳出額は，差益金歳入で十分賄える程度にとどまった．同特別会計の余剰金は拡大を続け，第1次産業への融資を政策目標とする農林漁業中央金庫に預託されることになった．

以上のように，米穀需給特別会計の歳出は，歳入額に対して抑制的な水準にとどまっていた．この最大の要因は，同会計が赤字決算を出すことができなかったことであると推察できる．先述したように，米需法では一般会計からの財政支出を行うことが制度上認められていなかった．自由主義的な財政均衡主義の下で，単年度ごとに収支を均衡させる必要があった．他方で，差益金収入及び補償金支出の双方に不安定性を抱えていた．具体的には，まず，差益金収入が沖縄内の需給状況と国際米価に規定されるという性格を持ったことが挙げられる．

表2-8で，年度別の差益金及び補償金の詳細を示した．差益金についてみれば，まず，同一銘柄であっても，輸入契約の年次や，沖縄内の販売状況によって，差益額が異なった．1960年度に入荷した台湾米の差益額が後に引き下げられた経緯は，前掲表2-4注3で述べた．同年度入荷の韓国米も同様に差益額が引き下げられた．琉球政府は，輸入米に対して差益金を付加でき

3. 米需法下の外米・島産米の需給と価格の調整　71

表2-8　差益金及び補償費の内訳

単位：トン（白米換算），ドル

年度	差益金				補償費			
	銘柄	取扱量	差益額	差益金	銘柄	取扱量	補償額	補償金
1960	台湾米	5,812.649	3.50	179,240	ビルマ米	29,821	4.00	119,284
			1.50					
	韓国米	3,749.738	5.60	43,709				
			3.60					
			0.60					
	加州米	5,908	10.00	59,082				
	豪州米	1,201	31.30	37,592				
	ビルマ米	4,041	7.20	29,095				
	計	20,713	-	348,718	計	29,821	-	119,284
1961	豪州米 a	3,268	31.30	102,272	ビルマ米	8	4.00	31
	豪州米 b	2,502	33.75	84,445	台湾米	1,975	25.00	49,364
	ビルマ米	18,330	7.20	131,977	韓国米	1,106	34.00	37,588
	加州米 a	4,451	11.00	48,960	島産米	6,608	51.77	342,786
	加州米 b	4,365	8.65	37,759				
	スペイン米	2,082	31.40	65,379				
	台湾米	96	15.00	1,438				
	韓国米	52	6.00	313				
	計	35,146	-	472,543	計	9,695	-	429,769
1962	ビルマ米（60）	8,557	7.20	61,608	北部	2,030	49.86	101,236
	ビルマ米（61）	5,882	4.10	24,118	中南部	635	47.89	30,412
	スペイン米	6,022	31.40	189,083	離島	612	52.86	32,335
	加州米 a	4	8.65	33	先島	2,158	56.97	122,918
	豪州米 a	8	33.65	283				
	加州米 b	4,570	6.60	30,163				
	加州米 c	4,458	3.99	17,788				
	加州米 d	4,456	2.30	10,248				
	豪州米 b	4,508	29.60	133,431				
	韓国米	5,238	22.47	117,702				
	計	43,703	-	584,457	計	5,435	-	286,902
1963	ビルマ米（61）	3,846	4.10	15,767	加州米（62）	4,914	2.94	14,447
	韓国米（62a）	4,683	22.47	105,225	北部（61）	1	49.86	41
	韓国米（62b）	9,851	13.31	131,122	北部	2,320	50.98	118,285
	ビルマ米	5,079	4.03	20,467	中南部	502	49.07	24,611
	豪州米 a	4,492	17.04	76,551	離島	902	54.08	48,768
	豪州米 b	4,467	14.26	63,694	先島	1,900	58.08	110,338
	韓国米	3,569	4.46	15,917				
	加州米	5,594	1.32	7,384				
	計	41,581	-	436,128	計	10,538	-	316,490

注：1）米国会計年度．
　　2）入荷年度と販売年度が異なるものは，カッコ内で前者の年度を示した．また，同一年であっても複数回の買付契約が行われたものについては，アルファベットでその違いを示した．
　　3）1960年度販売分の韓国米，台湾米は，後に価格が改訂されたことにともなって，差益額も変更された．台湾米の差益額は，1959年12月21日より前と，それ以降の価格であり，韓国米の差益額は順に，1959年9月12日より以前，同年12月21日より以前，それ以降の価格である．
出所：「予算額・実績額対照表」各年度（琉球政府経済局「米穀販売欠損額補償金関係」（R00066442B），所収）より作成．

る水準の小売価格を設定していたが，沖縄内米価水準との関係などによって当該銘柄が売れ残った場合，差益額の引下げや，場合によっては補償金の支出によって当初設定した小売価格を引き下げて販売しなければならなかった．言い換えれば，差益金を賦課する予定で輸入した外米に対しても，補償金を支出しなければならなくなるリスクを負っていた．さらに，国際米価の変動が差益額を規定した．差益額は，仕入価格と指定業者経費・利潤の合計額と小売価格の差額であるから，同一銘柄で小売価格が一定であれば，差益額の増減は，仕入価格の増減と対照をなす．加州米でみれば，1960年度から1963年度にかけて，1トン当り12.94ドル仕入価格が上昇したことになる．同様に豪州米では，1961年度と1963年度の差額は19.49ドルであった．差益金の持つこの2つの不安定性が，米穀需給特別会計の歳入額の見込みを立てることを困難にしていた．

　こうした2つの不安定性の下で，補償費の支出を抑制するという課題が，島産米の買上価格水準を規定していた．補償費には，外米の小売価格安定と島産米の買入価格支持という2つの使途があったが，島産米の買上が実施されなかった1960年度を除いて，後者を目的とする支出がほとんどを占めていた．島産米に対する補償額は，外米に対するそれと比べて，かなり高い水準であった．島産米の買上価格を引き上げれば，農家の販売数量，すなわち買上数量も増大し，補償金支出の増加は二重の意味で大きくなることが見込まれた．したがって，市場価格を大きく上回るような買上価格を設定することは困難であったと考えられる．

おわりに

　本節では，1959年に成立した米需法の制定過程と，「自由化」以前のその運用過程を検討した．

　この結果を述べれば，まず，1950年代中盤の「島ぐるみ闘争」への対応として，USCARは沖縄経済開発を重視し，その手段として，「自由化体制」を採用した．「自由化体制」において，食糧米の価格を引き下げることは，沖縄内の資本蓄積を促進し，かつアメリカの沖縄統治コストを節減するという点で，極めて重大な課題となった．

おわりに

　1950年代後半には，国際食糧米需給が緩和したことを背景として，沖縄内に上級米が大量に流入するようになり，島産米の価格低下の一因となっていた．琉球政府は，稲作農家の保護を目的として島産米買上政策を策定したが，これは，「自由化体制」による経済開発を推したUSCARの政策課題と対立するものであった．こうした対立する課題の下で，琉球政府はUSCARとの妥協の末に米需法を策定した．成立した法案の内容が，当初の琉球政府案に比べて，第1に，一般会計からの財政支出によって島産米の価格支持をすることが許されなかったこと，第2に，恒久法ではなく時限法としての立法がされたことによって，島産米価格支持政策は制度的な限界を抱えることになった．

　特に，一般会計からの財政支出が認められなかったことで，琉球政府の島産米保護政策は，外米依存の食糧米供給体制に拘束されることになった．すなわち，島産米の価格支持を行うにあたり，その財源として利用可能なのは外米に課する差益金のみであった．外米輸入銘柄のうち，実際に差益金の徴収対象であったのは，加州米や豪州米，韓国米等の上級米に限られていた．これらは，島産米と品質面で競合する可能性を潜在的に持っていた．また，島産米の生産量が拡大すると，外米の輸入量ひいては差益金収入を減少せしめ，島産米価格支持政策の基盤を足元から掘り崩すことになる．このため，米需法による島産米保護は，流通経費を補助する程度にとどまり，積極的な価格支持が展開することはなかった．

第3章　日米政府の政策課題を受けた食糧米政策の「自由化」への転換：1963〜1964年

はじめに

　本章では，1963年3月の「自由化」[1] ＝琉球政府による米需法の規制緩和に至る政治過程と，その後1965年6月に時効を迎えるまでの期間における米需法の運用の変質を明らかにする．

　まず，当該期における食糧米をめぐる状況と，琉米日の三者の利害関係を整理すれば，次のようになる．第1に，加州米の輸出を増大させようとするUSCARの政策課題があった．アメリカの食糧米輸出は，アメリカ政府のプログラムによる輸出が大半を占めていたことに特徴があった．特にその中心となったのが，PL480による食糧援助プログラムであった．特に，アメリカ政府が大量の在庫米を抱えていた1950年代後半から1970年前後にかけては，政府プログラムによる輸出が全輸出量の6割に上った[2]．直接統治下にあった沖縄では，それに加えて，農産物輸入規制を縮小させることで，アメリカ産作物を輸入させる方針で臨んだ．それまで「自由化体制」の下で例外的に認められていた，食糧米の輸入規制を緩和させる圧力として現れた．第2に，1962年以降上級米の輸入が増え，さらに加州米に対して補償金が支出されるような状況の下で，沖縄内消費者から，差益金を引き下げるべきだとする意見が出された．琉球政府内でも，島内稲作農家を保護するという課題は継

---

[1] 琉球政府の米需法の規制緩和政策を指す．当時の新聞報道では，「自由化」または「新食糧米政策」と称されていた．実態としては，輸入規制や価格統制の一部緩和であることから，本章ではカギカッコをつけて「自由化」と称す．
[2] 八木宏典『カリフォルニアの米産業』東京大学出版会，1992年，6頁．

続していたものの，1963年の早魃を契機として島内稲作が縮小した一方で，「サトウキビ・ブーム」が最盛期を迎えたことで，この課題の持つ重要性は比較的小さくなった．第3に，1950年代末以降，甘味資源の自給を強化することを目的として，日本政府は沖縄産糖に対する保護を拡充していった．1964年には，食管会計によって沖縄のサトウキビ作の生産者価格を支持する制度が実現した．

以上に述べたような三者の利害関係の下で，琉球政府は1963年に，食糧米政策において「自由化」と呼ばれた輸入規制や価格統制を緩和する措置を採用した．本章では，1963～1965年における，「自由化」を契機とした食糧米政策の統制緩和への方針転換の実相を，次のような手順によって，明らかにする．

第1節では，加州米の沖縄向け輸出の増大というUSCARの課題が，どのように形成されていったのかを検討する．同時に，日本政府の沖縄産糖保護政策についても，その沖縄内での影響を中心に整理を行う．第2節では，こうした状況の下で，琉球政府が食糧米輸入の「自由化」へと転換する政治過程を明らかにする．第3節では，「自由化」後の食糧米政策の展開について，輸入米政策と島産米価格支持政策がどのようにその性格を転換させたのかを解明する．

1. USCARの加州米輸入促進政策と日本政府の沖縄産糖保護政策

1.1 輸入先をめぐる韓国米と加州米の対立と「第4の指定業者」構想

本節では，1963～1965年の琉球政府の食糧米政策を規定した条件として，加州米の沖縄への輸出促進というUSCARの政策課題と，沖縄を砂糖原料（サトウキビ）の主生産地として位置づける日本政府の政策課題について検討する．まず本項では，USCARが琉球政府に加州米の輸入を増加させるよう働きかける政治過程を取り上げ，USCARのこうした動向について，沖縄の

輸入米市場でのシェア獲得を目指すアメリカの食糧米輸出商社の経済的利害との関連に注目して明らかにする.

　前章で述べたように,米需法下では,どこからどれだけの外米を輸入するのかについて,米穀需給審議会での審議を経て,琉球政府行政主席が決定した.しかしながら,審議会において琉球政府の提案が修正されたことはなく,実質的には琉球政府がこの件についての決定権を持っていた.銘柄別輸入量は,住民の嗜好と,各銘柄の差益額ないし補償額を参酌して定められた.経済の復興・成長を背景として多くの消費者が上級米を求めるようになり,1962年ごろからビルマ米を中心としたそれまでの輸入米の構成が転換し始めたことは既に述べた.上級米の輸入量が増加したことで,沖縄の輸入米市場におけるシェアをめぐって輸出業者間の競争が生じた.琉球政府が輸入量を決定する権限を事実上持っているような状況下において,輸出業者らは,取り扱っている食糧米を琉球政府に売り込んだ.こうした輸出競争の事例として,1963年次の輸入米の枠をめぐる韓国政府及び加州米輸出商社の琉球政府へのアプローチを取り上げる[3].

　両者のシェア獲得競争について,その経過を述べれば,第1に,韓国米は韓国政府によって輸出が管理されていたため,政府間契約によって買い付けられた.韓国米の輸出価格は,韓国政府と日本政府とのバーター取引の一部に組み込まれることによって,安価に抑えられた.すなわち,日本が韓国へ肥料を輸出し,韓国から食糧米を輸入するというバーター取引の中で,日本の韓国米の輸入枠の一部を沖縄へ振り向けることで,琉球政府は,一般輸出価格よりも安く韓国米を調達することができた.こうしたオファーは,日本の韓国大使館から,琉球政府の東京事務所を通して提示され,1962年3月及び7月にそれぞれ1万トンの輸入契約が結ばれ,輸入が実行された.1963

---

3) こうした売り込みの状況についての行政資料はほとんど残されていない.筆者が確認できたものは,USCAR経済開発部『Industry and Commercial Enterprise Guidance Files, 1963(G): Rice Importation』(沖縄県公文書館資料コード: 0000011805, 原資料は国立アメリカ公文書館所蔵, Record Group 260: Records of the United States Occupation Headquarters, World War II, Department: The Economic Department, Box No. 200 of HCRI-EC, Folder No. 1. 同資料については,以下,サブタイトルから,『Rice Importation』と略す)に所収されている数点の資料に限られる.

年次の輸入分についても，同じく大使館を通して，3万トンの輸出オファーが1962年10月に出され，琉球政府は2万トンの輸入契約を同年12月に結んだ[4]．

第2に，1963年次の外米輸入量は6万トンとされ，このうち4万8千5百トンについては，加州米1万トン，韓国米2万トン，豪州米1万3千5百トン，ビルマ米5千トンとすることが，1963年2月の米穀需給審議会で決定されていた．琉球政府は，残りの1万1千5百トンについて，加州米を輸入することで賄うことを計画していた[5]．先述の1万トン分の加州米の買付契約は，アメリカ商社のE. J. Griffith & Co.（以下，グリフィス社と略）と沖縄米穀協会との間で既に交わされていた[6]．グリフィス社は，それに加えて1万トンの加州米を購入するよう琉球政府に働きかけていた．しかしながら，琉球政府は買付価格の高さを憂慮し，これに応じなかった[7]．

他方で，当時，加州米の輸送が滞っていたことを，琉球政府や指定業者らが問題視していた．1962年12月に買い付けた加州米の輸送が遅れており，それを理由として指定業者らが受け入れを拒否していた．この問題への対応のため，グリフィス社代表のブラッケンシーが来沖し，USCARの経済局を通して輸入圧力をかけることになった．この過程でブラッケンシーは，琉球政府の輸入米政策は加州米に対して「差別的」であると批判した上で，加州米の輸入と販売を行うための「第4の食糧会社」の設立をUSCARに提案し，

---

4) 「GRI Rice Paper」（作成日不明，前掲『Rice Importation』所収）．同文書にタイトルはつけられていないが，その直前にある手書きメモに，「GRI Rice Paper」とする表現があったため，これを文書名として用いた．琉球政府が作成し，英文に翻訳したのちにUSCARに提出したものと思われるが，日本語版に当たるような資料は，管見の限り琉球政府の行政文書の中で見つけることはできなかった．作成日は不明であるが，韓国米と加州米の買付に至る経緯と価格の決定過程が詳細に記述されている．後掲脚注15に挙げた琉球銀行の報告書が提出された後，USCARが琉球政府に作成を指示したものと考えられる．

5) 同上．

6) 同上．

7) 以上の記述は，「【グリフィス社から琉球政府宛の書簡】」（1963年1月24日，同年2月2日，同年2月6日）（以上，前掲『Rice Importation』所収）による．1万トンの加州米を売り込むが，琉球政府がこれに応えなかったため，二度期限を延長して買入れを迫る内容であった．こうした書簡がUSCAR文書内に残されているのは，これが琉球政府とともに，指定業者3社とUSCARにも送られていたためである．

USCAR もこの計画に賛同していた[8]．

　以上のグリフィス社による加州米売り込み過程からは，まず，琉球政府は加州米ではなく，韓国米を輸入米の中心とする構想を持っていたことが明らかとなった．両米ともに上級米と評価されていたが，加州米の消費者価格が1トン当り180ドルに定められていたのに対して，韓国米は同200ドルで販売されていた．しかし，表3-1で示すように，買付価格はほとんど変わらなかったため，韓国米の方が差益額は大きかった．このため，琉球政府は韓国米を優先的に契約していた．加州米の消費者価格を引き上げれば，差益額は同等となり，こうした事態は回避されうるが，琉球政府は価格引上げには反対していた[9]．加州米と韓国米では砕米率の水準が異なっており，これを品質差とみて価格差を設けたものと考えられる．

　こうした韓国米を中心とした琉球政府の外米調達構想に対して，当初USCAR は関心を持っていなかった．加州米輸入増大のための努力をしていたことはうかがえるが[10]，実際には，前章でみたように，輸入先については琉球政府と米穀需給審議会に決定権があった．琉球政府は，グリフィス社の加州米の売り込みに対しても，買付契約の期限までに米穀需給審議会を招集できないことを口実にして，拒否することができた[11]．

---

8) 以上の記述は，「Rice Program」(1963年2月2日)，「U. S. Rice Imports」(1963年2月7日)，「Proposed Visit by Mr. Curt M. Rocca with the High Commissioner」(1963年2月25日)（以上，前掲『Rice Importation』所収）による．いずれも作成者はW. Rhyne (USCAR 経済開発部の課長級職員 (Director)) であり，USCAR 経済開発部に対して，「第4の食糧会社」の設立可能性を検討することを推薦する内容であった．また，これらの資料からは，アメリカ商社はUSCARのかなり上級の職員と直接面会可能であったことが示唆されるほか，W. Rhyne を通して高等弁務官や琉球政府副主席にコンタクトを図っており，こうしたチャンネルを積極的に利用していたと思われる．

9) 前掲「GRI Rice Paper」．

10) 前掲「Proposed Visit by Mr. Curt M. Rocca with the High Commissioner」．経済開発部が琉球政府にアメリカ産米の輸入増大圧力のために働きかけていることを，同部の課長級職員が述べている．業務を通じて接点が大きかった琉球政府経済局に対して，加州米の輸入を増大させるよう圧力をかけていたものと思われる．他の銘柄と比べて加州米の輸入量が多いわけではないが，前章でみたように，加州米の価格補助のために例外的に補償金が支出されていたことを踏まえると，こうした圧力が効果を発揮したといえる可能性はある．

表3-1　1962年次輸入分の加州米及び韓国米の1トン当り価格構成

単位：トン，％，ドル

銘柄	買付契約年月	数量	砕米率	買付価格		運賃	保険料
加州米	1961年11月	4,500	15	FOB	122.50	20.00	0.95
	1962年 2月	4,500	35	C&F	149.00	-	0.84
韓国米	1962年 2月	10,000	5	FOB	135.70	7.26	0.71
	1962年 5月	10,000	10	FOB	144.30	7.25	0.76

銘柄	CIF価格	諸経費	販売手数料	計	小売価格	差益額
加州米	143.45	12.56	20.00	176.01	180.00	3.99
	149.84	13.10	20.00	182.94	180.00	-2.94
韓国米	143.67	13.86	20.00	177.53	200.00	22.47
	152.31	14.38	20.00	186.69	200.00	13.31

出所：「【タイトルなし附表】」（前掲『Rice Importation』所収）より作成．

　しかしながら，加州米の輸入増大を求めるアメリカ商社の圧力が強くなったことで，USCARは，琉球政府の外米調達構想に対して積極的に介入する方針へと転換した．グリフィス社の「第4の食糧会社」の設立計画について，USCAR経済開発部は，ブラッケンシーが同計画を高等弁務官に説明するための会談の場を設けており，実現に肯定的であった．加州米の売り込みについても，「このオファーを拒否するならば琉球政府行政主席ないし経済局長を呼び出し，事情を説明させる必要がある」[12]として，支援する立場に立っていた．

　USCARのこうした方針転換と同時に，アメリカ政府も食糧援助を通して，沖縄の輸入米市場におけるアメリカ産米のシェア拡大を後押しした[13]．PL480による沖縄へのアメリカ産余剰農産物の供与は，まず1963～1965年にかけて実施された（第1次計画）．PL480の沖縄への適用が決まったのは，1962年12月であった．食糧米は，当初の計画では含まれていなかったが，1963年5月に追加された．この間の1963年2月には，PL480の品目に食糧

---

11)「Import of U. S. Rice」（1963年2月11日）（前掲『Rice Importation』所収）．ただし，加州米の購入そのものを拒否したわけではない．琉球政府は，1，2か月後に購入する計画であると主張していた．

12) 前掲「Rice Program」．

米を追加することを前提として，どの輸出商社を選定するのかについての検討が行われており，先述のグリフィス社も選定対象のうちの1社であった[14]．アメリカ政府の食糧援助を通した余剰農産物処理構想が，沖縄への食糧米輸出を増大させようとする商社の利害関心と結合しつつ展開したことが確認できる．

「自由化体制」にもかかわらず，食糧米は特例として輸入や価格の規制が認められていた．輸入規制については，先に述べたように「第4の食糧会社」構想やPL480の導入などによって，加州米の輸入増大を図った．他方で，価格規制に関しては，前章でも述べたようにUSCARは，1950年代末から指定業者の枠を拡大することを求めてきた．指定業者間の競争によって低米価を実現する構想であったと考えられる．USCARは，琉球銀行に命じて，1963年1月から琉球政府の食糧米政策や指定業者に対する調査をさせていた[15]．調査の結果，琉球政府が設定し認めていた指定業者の経費の額が不適切であることなどが指摘された[16]．USCARは米需法の運用について，指定業者にとって過保護であると評価していた．

---

13) 「アメリカ産米」としたのは，カリフォルニア州以外の産米が含まれていたことによる．PL480によるアメリカ産米の輸入を実施した沖食の社史では，「輸入されたものは南部米（長粒種）で沖縄の人の口に合わず売れ行きは思わしくなかった」と評価されている（沖縄食糧株式会社『沖縄食糧五十年史』沖縄食糧株式会社，2000年，136頁）．「南部米」の具体的産地については不明であるが，八木によれば，カリフォルニアで長粒種の米の作付けが拡大するのは1982年以降であり，それ以前は中粒種と短粒種がほとんどを占めていた（八木『カリフォルニアの米産業』132頁）．「南部米」は，長粒種を主に栽培していたテキサス州やルイジアナ州の産米であったと考えられる．他方で，沖食の社史の巻末年表では，1964年1月27日に「米国余剰農産物，第二陣加州米7,500トン入荷」と記載されている（前掲『沖縄食糧五十年史』272頁）．PL480による輸入米は，「南部米」を中心としつつも，加州米も一定程度含まれていたと思われる．

14) 前掲「Proposed Visit by Mr. Curt M. Rocca with the High Commissioner」からは，USCAR経済開発部とグリフィス社がPL480について数度の話し合いを持っていたことが確認できる．また，グリフィス社の親会社に当たるパシフィック・インターナショナル・ライス・ミルズ社も，PL480計画の策定に関与していた．「【C. M. Rocca発，USCAR高等弁務官室宛の書簡】」（1963年7月19日）（前掲『Rice Importation』所収）．なお，グリフィス社とは異なるアメリカ商社（Cornell Rice and Sugar Company, Inc.）が，沖縄向けPL480計画への参入を希望したため，USCAR経済開発部が同社に対してPL480計画と沖縄の食糧米事情に関する資料を渡したことが記述されている．「Visit by U. S. Rice Exporter」（1963年2月21日）（前掲『Rice Importation』所収）．

この2つの課題は，琉球政府が米需法の規制を緩和する方針をとることで解決される性格を持った．すなわち，それまで琉球政府が管理・指示していた外米の輸入について，指定業者の自由競争体制に移行させること，及び銘柄別の輸入米小売価格を指定しないことの2つの方策をとることが求められた．こうした制度をとることで，指定業者に経営の裁量が生まれ，寡占状態という批判をかわすことができた．また，銘柄別の輸入米小売価格を指定しないことは，銘柄別の差益額を設定することを困難にする．先述したように，琉球政府が加州米よりも韓国米を選好した理由は，韓国米の方が得られる差益額が大きかったことであった．こうした制度には，加州米の輸入増大を要求するUSCARも賛同することが予想された．次節でみるように，1963年3月の食糧米統制の「自由化」政策の策定は，こうしたUSCARの関心を強く反映したものであったと考えられる．

1.2 沖縄産糖買上政策の開始

本項では，当該期の琉球政府の農業政策の方向性を規定したものとして，日本政府による沖縄産糖保護政策が本格化した過程を，先行研究によりつつ整理する．

戦後初期の日本政府による沖縄産糖の保護は，第1に沖縄外の含蜜糖には20％の関税をかけること，第2に時期（1月～5月）によって沖縄のみ輸入を

---

15) USCARは琉球銀行に調査を指示し，それを受けて琉球銀行がレポートを提出していた．「Memorandum For Record: Import of Rice」(1963年1月2日，経済開発部次長Oglesby作成)，「General Weaknesses Discovered in the Ryukyuan Rice Distribution System by the Special Study Committee」(1963年3月1日，琉球銀行作成)（いずれも前掲『Rice Importation』，所収）．USCARが琉球銀行にこうした分析を指示した当初の理由は，加州米の輸入とは関係なく，指定業者らの経営状況について調査するというものであった．これについては，「自由化体制」にもかかわらず，食糧米取扱業については例外的に寡占が容認されていたことへの反発であったと思われる．同様の事例として，当該期に高等弁務官であったキャラウェイによって，琉球農業協同組合が経営していた製糖工場に対して強引な監査を行い（1963年7月），その結果同工場の廃止に至った「農連事件」が挙げられる．これを論じた近年の論考として，安谷屋隆司「復帰前農協運動と農連事件――忘備録「農連事件」」『沖縄大学地域研究所所報』第31巻，2004年，を得る．

16) 前掲「General Weaknesses Discovered in the Ryukyuan Rice Distribution System by the Special Study Committee」.

認めることの2点から始まった．その後1951年の「日本本土と南西諸島との間の貿易及び支払いに関する覚書」及び翌1952年の「沖縄島の生産に係る物品の関税の減免に関する法令」によって，黒糖の関税免除による輸出が可能となった．1954年には，分蜜糖も関税の免除が認められることになった[17]．

1959年2月に日本政府農林省は，「国内甘味資源の自給力強化総合対策」を決定した[18]．同対策では，砂糖類の供給の約9割を海外からの輸入に依存している状況を改善するため，甜菜糖や甘蔗糖などの自給量を増加させることが謳われた．日本（本土）では，関税の引上げと砂糖消費税の引下げが実施され，アメリカの統治下にあった沖縄についても，黒糖から分蜜糖への転換が要求された．この背景については，需要面の変化に加えて，日本（本土）の精製糖資本による要求があった．すなわち，第1に，過剰設備投資の負担を軽くするために関税なしで利用できる「国産」の粗糖を求めたこと，第2に，そのことで溶糖実績を大きくし，次の外貨割当を大きくしてもらうことを企図していたことによって，沖縄産の分蜜糖が求められた[19]．とはいえ，分蜜糖工場の設置は多額の資本を要する．そこで，日本（本土）精製糖資本との資本と技術の提携の下で，1950年代末以降，沖縄内に分蜜糖工場が多数建設されていった[20]．

このような日本政府や日本（本土）資本の動向に対応し，琉球政府は，1959年9月に糖業振興法を策定した．同法の要点を述べれば，糖業審議会の設置，生産計画の策定（市町村及び政府），製糖業と砂糖輸出業の許可制，サトウキビ最低生産者価格の基準の設定，糖業資金の長期低利融資の制度化，既設製糖場の統合整理の推進の6点であった．生産者価格については，東京

---

17) 以上の記述は，山城栄喜・新垣秀一・来間泰男「さとうきび」（沖縄県農林水産行政史編集委員会編『沖縄県農林水産行政史』第4巻（作物編），農林統計協会，1987年（以下『行政史』と略す），所収），第3～5章による．該当部分の執筆者は，新垣秀一・来間泰男．

18) 同対策は，『行政史』第13巻，633-636頁に所収されている．

19) 来間泰男『沖縄の農業——歴史のなかで考える』日本経済評論社，1979年，89-90頁．

20) 同上，90-93頁．

上白糖相場から，流通費及び向上経費を差し引いてサトウキビ生産者価格とする「スライド方式」がとられた[21]．琉球政府は価格の指示をするにとどまり，財政負担による価格補助をすることはなかった点には留意する必要がある．

1963年8月，日本政府は粗糖輸入の自由化政策を実施した．関税の引下げはされなかったものの，外貨割当が撤廃された．日本（本土）の精製糖資本にとっての沖縄産糖の重要性は，自らも出資者であるという点を除いて，大きく低下することになった[22]．翌1964年3月には「甘味資源特別措置法」が成立し，甘味資源作物の価格支持と国内産砂糖の政府買入制度が導入された．輸入自由化政策を実施する一方で，国内のサトウキビや甜菜作農家に対しては，価格支持によって最低限の保護を図った[23]．「甘味資源特別措置法」と同時に「沖縄産糖の政府買入れに関する特別措置法」が成立し，沖縄産糖の日本政府買入が実現した．沖縄内での消費量を除いた生産量を，日本政府が食糧管理特別会計によって買い入れた．翌1965年に「糖価安定法」が策定され，糖価安定事業団が設立されると，沖縄関係の特別措置法も「沖縄産糖の糖価安定事業団による買入れ等に関する特別措置法」に変更された[24]．

日本政府による沖縄産糖に対する保護は，日本国内の甘味資源自給力強化政策の一環として，日本（本土）精製糖資本の経済的利害を抱えつつ，1950年代末以降本格化していった．日本政府は，1963年には砂糖輸入の自由化に方針を転換するも，その反対給付として，翌1964年以降は日本政府の財政負担によって沖縄産サトウキビの生産者価格が支持されることになった．

序章で述べたように，USCARは，統治費用の軽減と経常収支の均衡を両立させるために，沖縄の輸出産業の振興を図るという課題を抱えていた．糖業はその最も有力な候補であり，日本政府による沖縄産糖に対する保護や，それを受けた琉球政府農政におけるサトウキビ政策の比重の増大は，先述し

---

21) 同上，93，103-104頁．
22) 同上，101-102頁．
23) 同上，105頁．
24) 以上，山城・新垣・来間「さとうきび」による．

表3-2 10a当り収益性の比較

単位：ドル

年次	水稲						サトウキビ	
	1期作		2期作		計			
	純収益	家族労働報酬	純収益	家族労働報酬	純収益	家族労働報酬	純収益	家族労働報酬
1960	−0.21	21.79	5.75	26.09	5.54	47.88	48.81	60.05
1961	0.92	23.72	−25.14	6.28	−24.22	30.00	43.53	61.17
1962	−7.08	19.24	−4.45	20.41	−11.53	39.65	67.44	103.09
1963	−19.49	13.46	−17.13	12.15	−36.62	25.61	39.57	75.94
1964	−9.08	22.55	−8.01	22.40	−17.09	44.95	17.98	62.68

注：サトウキビの数値については，池原による推計値を，1ドル360円で換算した．
出所：琉球政府農林局農政部『沖縄農業の現状』1955～1967年度，173頁，及び池原『概説沖縄農業史』342頁より作成．

たUSCARの課題と適合的であった．さらに，島内稲作がサトウキビ作に置き換えられ，島産米生産量が減少することは，沖縄の外米輸入量を増大させることになる．それは，前項で述べたような，加州米の輸出増大を求めるアメリカ政府や資本の利害関心とも一致する性格を持った．

以上のような政策的背景の下で，沖縄内のサトウキビ生産は急激に拡大した．すなわち，1950年代末からの「サトウキビ・ブーム」と呼ばれるサトウキビ作熱の高まりによって，1965年には，総耕地面積の約3分の2にサトウキビが植え付けられるほどであった．こうしたサトウキビ作熱の高まりの直接的な要因は，他作目に比べてサトウキビの収益性が極めて高かったことである．表3-2で，稲作とサトウキビ作の収益性を比較した．

まず，稲作についてみれば，水稲の1期・2期合計の純収益は，1960年次を除いてマイナスとなっている．自家労賃評価を切り下げることで，当該期の沖縄稲作経営が表面的には再生産されていた．本章後半で述べるように，1963年の「自由化」後，島産米の政府集荷価格はそれまでの水準を維持するにとどまっていた．そのような集荷価格では生産費を補うことができなかった．特に1963年には強度の旱魃により生産量が急減したため，収益性は著しく悪化した．他方で，サトウキビについてみれば，先述のように，1960～1963年においては，糖業振興法に基づき，「スライド方式」による価格設定がされた．1962年のキューバ危機後，国際糖価が高騰したことで，生産者価格も引き上げられた．さらに，サトウキビの新品種NCO310の普及に

よって，労働節約的な株出栽培が可能となり，生産費を縮小することが可能となった[25]．本表からも，サトウキビ作の収益性が大きく上昇したことが確認できる．1963年には生産者価格が最も高かったものの，旱魃の影響により収量が低下したため，純収益・家族労働報酬ともに低下した．翌1964年には，国際糖価が前年比で3分の1以下の水準まで暴落した[26]ことによって，収益性の悪化が継続することになった．とはいえ，水稲作に比べて，サトウキビ作の収益性の優位は大きかったのであり，こうした傾向は1960年代終盤まで継続した．

2.「自由化」と食糧米政策の再編

2.1 「自由化」の内容

前節で確認したように，1963年2月から3月にかけて，USCARによる加州米の輸入増大と食糧米統制の緩和の圧力が，琉球政府に対してかけられるようになった．さらに，日本政府の沖縄糖業保護政策が1950年代末以降本格化したこと，キューバ危機等を背景として1963年には国際糖価が急騰したことによって，稲作は，サトウキビ作に収益性で大きく差をつけられた．こうした状況を与件として，1963年3月に琉球政府が食糧米政策の統制の緩和＝「自由化」へと方針転換する過程を，本項で確認する．

1963年次の輸入米調達については，1963年2月27，28日に開催された米穀需給審議会で，輸入数量を6万トンとする琉球政府諮問案が承認されていた[27]．前節で述べた「第4の食糧会社」構想については，同年2月の初めには，琉球政府側へ伝わっていた可能性が高い[28]．それにもかかわらず，この時点においては，琉球政府は，従来通りの指定業者3社を通した食糧米調達制度を継続する予定であった．

---

25) 池原真一『概説沖縄農業史』月刊沖縄社，1979年，291-292頁．
26) 来間『沖縄の農業』102頁．
27) 琉球政府経済局商工課「米穀需給審議会参考資料」(1963年2月27，28日) (琉球政府経済局『米穀需給審議会提出資料』1963年度，R00053549B，所収)．

しかしながら，こうした琉球政府の方針は，翌3月には大きく転換することになった．1963年3月16日に再び招集された米穀需給審議会において，後述する「自由化」政策の一部が諮問され，承認された．その直前の同年3月13日までには，「自由化」について琉球政府がUSCARに打診していた[29]．1か月にも満たない期間で食糧米政策が「自由化」へと転換した背景として，「第4の食糧会社」構想が急速に具体化していったことが挙げられる．グリフィス社の親会社にあたるパシフィック・インターナショナル・ライス・ミルズ社の社長ロッカが来沖し，1963年2月26日にUSCAR高等弁務官のキャラウェイに面会する予定が立てられていた[30]．その際に，「第4の食糧会社」構想についても具体的な調整がなされ，その内容が琉球政府にも伝えられたことが想定される．琉球政府は，同構想がアメリカ商社とUSCAR経済開発部の間で検討される段階では，特に対応することはなかったものの，USCAR高等弁務官レベルで検討されるに至ったことで，構想の実現性が高まったと判断し，こうした方針を転換せざるを得なかったといえる．

1963年3月16日の米穀需給審議会で琉球政府が諮問したのは，外米の卸売価格及び小売価格についてそれぞれ上限価格を定めること（1トン当り換算で卸売価格195ドル，小売価格200ドル），及び外米の輸入総量を，10万トンに拡大することであった[31]．審議会においてこれらの諮問が容認された後，琉球政府行政主席は，「自由化」政策についての会見を行い，具体的施策を公表した[32]．その内容を要約すれば，指定業者の要件の緩和，外米の輸入制度

---

28) 前掲「Rice Program」によれば，グリフィス社のブラッケンシーが琉球政府行政副主席の瀬長浩に面会し，「第4の食糧会社」構想を伝える予定であると述べられている．面会日は不明であるが，同資料の作成日付が1963年2月2日であることから，同年2月初めには琉球政府は同構想について把握していたと思われる．

29) 「米穀の輸入に対する諸統制の緩和による消費者米価の引き下げに関する措置」（日付不明，前掲『Rice Importation』所収）．同資料の直前には，W. Rhyne（本章注8参照）宛てのメモが残されており，確認の日付として3月13日と記入されている．後述するように，琉球政府の食糧米統制「自由化」は1963年3月16日の米穀需給審議会で政府案として出されたものが最初であった．本資料に関連して，「新米穀需給対策に関する合意書」が残されている（ただし日付，署名欄ともに空欄）．「自由化」政策の実施にあたって，事前に琉球政府とUSCARの間で調整が行われていたことがうかがえる．

30) 前掲「Proposed Visit by Mr. Curt M. Rocca with the High Commissioner」．

の変更と輸入総量の拡大，及び価格統制の緩和，の 3 点となる．以下で述べるようなこうした施策について留意すべき点は，米需法の改正を伴わず，専ら行政的な対応によって実現したことである[33]．琉球政府と USCAR は，米需法の範囲内で実施することで合意していた[34]．

まず指定業者制度について述べれば，米需法に規定されている許可要件（資本金 10 万ドル，1 千トン以上の保管倉庫を保有・確保している法人）を満たしている会社であれば，許可することになった．3 社以上には増やさないとしていた，従来の方針[35]を転換した．小売店も，許可制から届け出制に改められた．この措置を契機として，沖食の営業店の一部が独立して設立したパシフィック・グレーン・カンパニー[36]（以下，パ社と略す）の他，全琉球商事株式会社及び国場商事株式会社が新規指定業者として許可され，指定業者は従来の 3 社と合わせて 6 社となった．その後，国場商事は実際には食糧米の輸入を行わなかったため指定業者の指定を取り消され，指定業者は 5 社となった．

外米の輸入については，これまで琉球政府が輸入米の買付契約をするか，または指定業者に指示して輸入をさせていたものを，指定業者が自由に買付

---

31) 「卸売価格並びに小売価格」（作成者・作成日不明）（前掲『米穀需給審議会提出資料』1963 年度，所収）．同資料には，「米穀需給審議会　1963 年 3 月 16 日 AM10 ～ 12」という書き込みがあり，同日の審議会で琉球政府が提示した資料の一部と考えられる．卸売・小売価格の上限の設定と，外米輸入総量の変更について，それぞれ「決定」というメモが残されている．なお，審議会においても琉球政府は「自由化」の内容について述べたはずであるが，そのうち米穀需給審議会の審議事項に当たる，米価と外米輸入総量の 2 点に限って諮問するという形式をとったと思われる．

32) 『琉球新報』（1963 年 3 月 16 日）．

33) 「自由化」に伴い，米需法施行規則が 1963 年 6 月に改正されたが，指定業者の取り扱う食糧米の規格と，小売業者が設置許可を受けるために提出する申請書の様式の 2 点の変更にとどまった（琉球政府「公報」1963 年第 45 号（1963 年 6 月 4 日））．前者の改正によって，それまで精白米のみの輸入に限定されていたものが，玄米での輸入も許容されることになった．後者では，市町村長の副申欄が削除され，小売業への参入が容易になるような制度変更であった．これらの点から，「自由化」のために法制度が改正されたものはごく一部分にとどまり，特に本文で述べる「自由化」の核となった 3 つの措置については，行政レベルの対応によって実現したと評価できよう．

34) 前掲「新米穀需給対策に関する合意書」．

35) 『琉球新報』（1959 年 6 月 9 日）．

36) 前掲『沖縄食糧五十年史』137 頁．

け，販売することになった．後述するように，これに合わせて輸入枠が，6万トンから10万トンに改訂され，最終的には15万トンに拡張された[37]．食糧米の輸入に際しては，指定業者は経済局に輸入ライセンスを発給してもらうことが必要となった．輸入ライセンスの有効期限は，3か月間であった[38]．輸入ライセンス制度によって，外米輸入量をコントロールすることになった．

また，輸入米の卸売価格及び小売価格の上限が1トン当り200ドルに一律で定められ，指定業者及び小売店はその範囲内で輸入米の販売を行うことになった．さらに，差益額は，従来銘柄別に定められていたものが改められ，全銘柄一律の額となった．銘柄によっては最大で1トン当り30ドルにも上っていた差益額は，同1.58ドルに引き下げられた．この背景として，まず差益金残額の71万ドルを，米需法の失効する1965年6月までに消化するという方針が立てられた．また，差益金の用途が限定され，輸入米への補償金が原則廃止された．「自由化」後の差益金の用途は島産米価格補助，及び新たに設けられた備蓄米の経費に限定された．沖縄内同一米価を実現するために，離島への輸送費については，米価と差益額の決定を通して琉球政府が保証していたが，「自由化」後は輸送費を指定業者が負担することへ変更された．

2.2 「自由化」後の食糧米輸入状況

本項では，「自由化」後の食糧米輸入状況の変化を，新たに外米調達の主体となった指定業者の動向に着目して，明らかにする．

まず，「自由化」前後の銘柄別輸入米数量を表3-3で示した．1963年を境に輸入量が急増したこと，中心銘柄がビルマ米から加州米及び豪州米へとシフトしたことが確認できる．1点目について確認すれば，琉球政府とUSCARの間には，年間輸入数量を「自由競争が保証できる量まで引き上げる」ことについての合意があった[39]．先述のように，1963年2月時点の琉球政府の食糧米需給計画において，1963年次の外米輸入枠は6万トンと想

---

37) 琉球政府「公報」1963年第29号（1963年4月9日），同1963年第42号（1963年5月24日）．
38) 前掲『沖縄食糧五十年史』132頁の記述による．原資料は，沖縄米穀協会「戦後から昭和59年までの沖縄の食糧管理の推移」8頁．
39) 前掲「新米穀需給対策に関する合意書」．

表3-3 「自由化」前後における輸入米の内訳

単位:トン

年次	1961	1962	1963	1964	1965
ビルマ米	20,240	9,449	4,564	−	696
豪州米	4,535	9,011	13,342	9,945	11,730
加州米	13,452	9,457	61,000	39,222	58,082
加州砕米	−	−	10,832	4,729	1,503
韓国米	−	19,922	5,692	−	−
その他	−	−	4,231	27,002	16,553
合計	38,227	47,839	99,661	80,898	88,564
輸入枠	40,000	50,000	150,000	90,000	−

注:1) その他は、原資料の「その他」に、本表で掲げていない銘柄の外米、砕米及びもち米を加えた数量である。なお数量はすべて白米換算である。
2) 輸入枠は、1962年次までは琉球政府が公示した輸入数量、1963年次以降は輸入数量の上限である。1963年次は輸入枠について2度の改訂があったが、最終改訂時の数量のみを記載した。また、1965年次の輸入枠は、上半期について5万トンとする公示があったものの、下半期からは、年度単位で輸入枠が設定されるようになったため、単独で算出することができず、空欄とした。
出所:琉球政府「補給米入荷高及び販売高」(琉球政府『琉球統計年鑑』各年版、所収) 及び琉球政府「公報」各号より作成。

定されていたが、「自由化」を米穀需給審議会に諮った3月に、10万トンに修正された[40]。その後、5月に再び審議会を開催し、輸入枠を15万トンに追加改訂する政府案を提示し、承認された[41]。

このように輸入枠が拡大された背景には、輸入ライセンスの発給高が、琉球政府の想定を超えて増大したことがあった。先述のように、外米の輸入にあたっては、指定業者は輸入ライセンスを琉球政府から得る必要があった。「自由化」実施直後の1963年5月時点で、輸入ライセンス発給高は4万4千トンに上り、「自由化」以前に締結された輸入契約と合わせて、輸入枠10万トンに対して9万2千トンの外米輸入が予定されていた。さらに、一部の指定業者(沖食、一食、パ社)が、合計3万トンを超えるライセンスの追加発給を申請していた[42]。輸入総量が規制されているため、早期に大量の輸入を申請することが、指定業者にとって自社の輸入量を確保するために重要であり、その結果、短期間で輸入ライセンスの発給高が積み上がった。後述するよう

---

40) 前掲「米穀需給審議会参考資料」(1963年2月27,28日)、及び前掲「卸売価格並びに小売価格」。
41) 前掲「米穀需給審議会参考資料」(1963年5月10日)。

に，当時の外米は専ら精白米で輸入されており，短期間で品質が劣化したため，輸入後ただちに販売する必要があった．大量に輸入された外米が短期間で同時に売り出されることは，外米の年間供給に過度の偏重をきたすとともに，指定業者間の販売競争の激化により経営を圧迫することが予想された．こうした事態を避けるためには，輸入枠を実際の需要量よりも過大に設定する必要があった．前章で述べたように，「自由化」以前の外米輸入量については，島産米の生産量等を考慮した数量に抑制されていた．これに対して，「自由化」以後の琉球政府食糧政策においては，外米供給の安定性や指定業者の経営の保護という点を重視し，島産米の保護という点から外米と島産米の需給調整を行うという政策課題への関心は，後退せざるを得なかったといえる．

前掲表3-3によって示した「自由化」前後の食糧米輸入状況における変化の2点目は，輸入米の中心銘柄が，ビルマ米から加州米及び豪州米へと転換したことであった．この要因の一つとして，ビルマ米と韓国米の輸入価格が相対的に不利になった可能性を指摘できる．第1章でみたように，琉球政府は，ビルマ政府と政府間契約を結ぶことで，市場価格よりも安くかつ安定的な量の調達を実現していた．しかしながら，「自由化」によって食糧米の輸入契約の主体が琉球政府から指定業者へと移行したため，こうした政府間契約を引き継ぐことが困難となった．上級米として加州米と競合していた韓国米についても，日本政府と韓国政府のバーター取引を利用して韓国米を安価で仕入れるためには，前節で明らかにしたように，琉球政府が韓国政府と政府間契約を結ぶ必要があった．「自由化」以降，輸入契約の主体が指定業者

---

42) 以上の記述は，前掲「米穀需給審議会参考資料」（1963年5月10日）による．本資料により「自由化」後の1963年5月1日現在における輸入ライセンス発給高4万4千トンの内訳を示せば，次のようになる．沖食1万トン，琉食1万トン，一食1万トン，パ社9千トン，国場商事5千トン．なお前節で述べたように，国場商事は実際には外米輸入を行わず，指定業者から外された．ライセンスによって外米を輸入する権利を得たとしても，それを行使しないことが許容されたのであれば，それは食糧米の安定供給を脅かす問題となりうる．この点については，米需法期における輸入ライセンスの発給状況を知ることができる資料が管見の限り本資料以外に残されていないため，国場商事以外の指定業者でこうした事例があったのかを検討することは困難である．今後の課題としたい．

へと移行したことによって，こうした仕組みを利用することができず，韓国米の取扱いによって指定業者が得られる利益は，相対的に小さくなったと考えられる．

他方で，加州米は「自由化」以前から琉球政府とアメリカ商社の間で輸入契約が結ばれていたために，「自由化」による輸入契約主体の変更の影響をほとんど受けなかった．確認できる限りでは，1963年9月には，沖食及び一食が共同で，加州米穀生産者協会と5年間の1年当り3万トンの輸入を契約した[43]．この契約は，指定業者の一部が主体的に協調して共同輸入契約を結んだという点で，「自由化」以前の，琉球政府の指示によって指定業者らが合同で輸入契約を結んでいたものとは異なる性格を持った．また，商業輸入とは別に，前節で述べたPL480によるアメリカ産米の供与が実施された[44]．1963～1965年において，4万2千トン余りの輸入実績を残した．こうした結果，前掲表3-3のように加州米の輸入が飛躍的に増大した．

「自由化」後の輸入状況について，さらに検討する．表3-4は，各指定業者が琉球政府へ提出した「入荷報告書」を利用して，1963年の各社別輸入数量を復元したものである[45]．本表の利用についてはじめに断っておくと，本表で利用した資料に含まれていない「入荷報告書」が存在する可能性がある．このことを示唆するのが，前掲表3-3における銘柄別輸入数量と本表の合計値との間にズレがあることである．韓国米やビルマ米の数量についてはおおむね一致しているが，豪州米と加州米については，2～3割程度，本表

---

43) 『琉球新報』（1963年8月30日，沖食，加州米穀生産者協会，一食の共同広告）．なお，「加州米穀生産者協会」については，USCAR資料では，「California Rice Growers' Association」と英語表記されている．八木が加州米の流通について検討した中で言及した「加州米生産者協同組合（RGA: Rice Growers Association of California）」と同一であると考えられるが，本章では，上記の新聞資料における和訳名称を用いておく．八木『カリフォルニアの米産業』195頁．

44) PL480による沖縄へのアメリカ産米輸出に関わったアメリカ企業として，パシフィック・インターナショナル・ライス・ミルズ社を確認できる．「【C. M. Rocca発，USCAR高等弁務官室宛の書簡】」（1963年7月19日）（前掲『Rice Importation』所収）．前項で述べたように，同社社長のロッカは，1963年2月に，「第4の食糧会社」構想についてグリフィス社のブラッケンシーとともにUSCARを訪れていた．「自由化」に向けて琉球政府に政治的圧力をかけた両者は，PL480の締結においても中心的な役割を果たしたことが推察される．

の合計値の方が過少になっている．韓国米やビルマ米の輸入は5月までに終え，その後は加州米と豪州米の輸入が中心になったこと，年次後半の10〜12月分の「入荷報告書」は，沖食提出分しか残されていないことを踏まえると，10〜12月分の他社提出分が当該資料に含まれていないと考えられる．しかしながら，輸入価格や各社のシェアを得るための資料は，本資料に含まれている「入荷報告書」しかないため，本表が持つ限界に留意して，以下では若干の考察を行いたい．

先述のように，「自由化」以前には，政府が管理する外米を3社共同で仕入れて割り当てていた．この点について本表で確認すれば，1〜3月に輸入された外米の1トン当り価格は，韓国米と加州米それぞれについて，輸入回や指定業者によらず一定の価格であった．また，3社が共同で輸入した7回分について実際のシェアは，琉球政府による3社の割当（沖食55%，琉食24%，一食21%）[46]に一致するケースが4回であった．さらに，1社単独で輸入した場合の韓国米について各社の輸入量の比を求めると，沖食55：琉食24：一食21となり，琉球政府の定めた割当と一致する．「自由化」以前においては，琉球政府主導の3社共同輸入が実施されており，割当シェアを厳格に適用していたといえる．

「自由化」以降については，先述のように，外米の輸入契約の主体が指定業者になったことで，各社は加州米輸出商社を主な契約先として選定していた．表3-4からは，3社時代から指定業者として認可されていた琉食が，加州米の輸入量が他社に比べて小さかったために総合的なシェアを低下させた一方で，沖食や，沖食の一部が独立して新規参入したパ社は，加州米に大量に仕入れることでシェアを拡大したことを確認できる．加州米の輸入の多く

---

45) 利用したのは，各指定業者「入荷報告書」（琉球政府経済局『補給食糧に関する書類』1963年度，R00066444B，所収）である．なお，本表には4社しか記載していないが，これはもう1社の指定業者であった赤マルソウ商事の「入荷報告書」が確認できなかったことによる．『琉球新報』では，赤マルソウ商事が外米の輸入を開始したのは1964年1月以降であると報道しており，1963年中には外米の輸入を行っておらず，ゆえに「入荷報告書」を作成しなかったものと推察される．『琉球新報』（1964年1月7日）．

46) 前掲『沖縄食糧五十年史』124-125頁．

表3-4 1963年次における輸入毎価格及び各社別輸入数量

単位：ドル，トン，％

年	月	船名	銘柄	1トン当り価格		輸入量	指定業者シェア			
							沖食	琉食	一食	パ社
1963	1	Ishigaki Maru	韓国米	148.15	FOB	194	0	0	100	0
		Kyuyo Maru	韓国米	148.15	FOB	1,000	*30*	*30*	*40*	*0*
		M.M. Dant	加州米	146.22	CIF	3,870	*56*	*24*	*19*	*0*
	2	Ishigaki Maru	韓国米	148.15	FOB	222	0	100	0	0
		Kyuyo Maru	韓国米	148.15	FOB	508	100	0	0	0
		Kokuei Maru	韓国米	148.15	FOB	800	*55*	*24*	*21*	*0*
		ANNA C	加州米	146.22	CIF	6,030	*55*	*24*	*21*	*0*
	3	*Seizan Maru*	韓国米	148.15	FOB	500	*55*	*24*	*21*	*0*
		Ryukyu Maru	韓国米	148.15	FOB	500	*55*	*24*	*21*	*0*
		Shuri Maru	韓国米	148.15	FOB	972	*57*	*22*	*21*	*0*
	4	California Bear	加州米	153.65	CIF	961	0	0	0	100
		Shuri Maru	韓国米	148.15	FOB	400	*59*	*20*	*21*	*0*
	5	Ishigaki Maru	韓国米	148.15	FOB	611	*74*	*20*	*6*	*0*
		Kyuyo Maru	ビルマ米	109.20	FOB	4,572	*55*	*24*	*21*	*0*
		Kanaris	加州米	158.00	C&F	10,095	0	0	100	0
		President Tayler	加州米	153.51	CIF	4,236	0	0	0	100
			加州米	153.65	CIF	4,074	0	0	0	100
	6	S/S California	加州米	157.33	CIF	2,459	0	0	0	100
	7	［不明］	加州米	154.00	C&F	5,000	100	0	0	0
		President Lincoln	加州米	157.74	CIF	2,386	0	0	0	100
			加州米	175.00	CIF	500	0	100	0	0
		C.E. Dant	加州米	157.74	CIF	2,580	0	0	0	100
			加州米	175.00	CIF	500	0	100	0	0
	8	Taipei Victory	加州米	154.00	C&F	5,000	100	0	0	0
		Kyuyo Maru	豪州米	124.00	FAS	4,387	*56*	*24*	*21*	*0*
	9	President Lincoln	加州米	175.00	CIF	1,538	0	0	7	94
			加州米	175/174	CIF	964	0	0	0	100
		Kyuyo Maru	豪州米	124.00	FAS	3,543	*69*	*31*	*0*	*0*
		President Tayler	加州米	157.74	CIF	936	0	0	0	100
			加州米	175.00	CIF	949	0	100	0	0
	10	Young America	加州玄米	141.00	CIF	1,711	100	0	0	0
	11	Kyuyo Maru	豪州米	124.00	FAS	2,435	100	0	0	0
	12	Duffield	加州玄米	139.00	CIF	1,672	100	0	0	0
計	内訳		加州米	−	−	55,464	34	10	22	34
			韓国米	−	−	5,706	53	24	23	0
			豪州米	−	−	10,364	71	21	9	0
	3銘柄合計			−	−	71,534	41	12	20	27
	輸入総量			−	−	76,130	42	13	20	25

注：1）本表の持つ限界については，本文で述べる．
　　2）3社共同で輸入していたものについては斜字で，1社単独で輸入していたものについては太字で示した．また，1回の輸入量が100トン未満の外米輸入分については，表に記載しなかったが，合計値には含まれている．
　　3）輸入量や各社のシェアについては小数点以下を四捨五入したため，合計値とズレが生じる場合がある．
出所：各指定業者「入荷報告書」（琉球政府経済局『補給食糧に関する書類』1963年度（R00066444B），所収）より作成．

は1社による単独輸入で行われたため，指定業者間にこうした外米取扱量の差が生じることになった．こうした背景については，沖食に限れば，1社時代からUSCARの下で配給業務に携わっており，USCAR経済開発部とも緊密な関係を持っていた．その関係を利用することで，他社よりも多くの加州米を調達することができたことが示唆されよう[47]．

　他方で，韓国米についても確認すれば，「自由化」以降の4月及び5月の輸入回において，それまで琉球政府のシェア割当に沿って分配されていたものが，沖食を中心とする配分へと変化していることを指摘できる．仕入価格の連続性から，この2回は「自由化」以前に琉球政府が買い付けた韓国米の輸入であったと考えられるが，こうした食糧米についても「自由化」後には，3社の政治力学によって再分配されるようになったといえる．

2.3　沖縄内販売面での変化

　本項では，「自由化」後の沖縄内での輸入米の販売状況の変化について，指定業者間の競争と価格に着目して，検討する．

　先述のように，「自由化」以後は，加州米を中心とした外米の輸入量が急激に増大し，「自由化」以前に比べて2倍近くに上った．こうした事情により，沖縄内で流通する食糧米の量も増大することになった．特に，先述したように輸入ライセンスの有効期間は3か月間とされており，申請後ただちに輸入を行う必要があった．外米の輸入が，比較的長期保存が可能である玄米ではなく，短期間で品質が劣化する精白米の形態で行われていたために，指定業者は輸入米を入荷後直ちに卸売業者へと販売しなければならなかった．こうした状況の下で，指定業者らは「売れる米を早めに消化し，売れないものは採算を度外視した価格で処分するという悪循環」の下で，「過当競争」状態に陥った[48]．

---

47) これを裏づけるのが，沖食の竹内和三郎社長が加州米の輸入計画について，USCAR経済開発部部長リンに「個人的に」相談していたことである．「Rice Imports From U. S. By Okinawa Food Company, Ltd.」（W. Rhyne作成，1963年9月5日）（前掲『Rice Importation』所収）．

48) 前掲『沖縄食糧五十年史』139頁．原資料は沖縄米穀協会「戦後から昭和59年までの沖縄の食糧管理の推移」9頁．

「過当競争」の要因の一つは，精白米での外米輸入方式にあった．「自由化」によって，それまで外米の輸入は精白米での輸入に限定されていたものが，玄米でも輸入できるようになったが，指定業者は，精白米での輸入を継続していた[49]．他方，PL480で沖縄へ加州米を輸出するにあたり，玄米での輸出がアメリカ内で検討されていた．精白米での輸入を継続した要因は，輸出側ではなく，沖縄内の精米設備の容量が不十分であったことが考えられる．沖食が精米工場を建設したのは，1963年3月になってからであった[50]．指定業者内で最大の資本を持っていた沖食では早期の対応を図れたが，他の指定業者らは，相対的に資本が小さかったことに加えて，先述の「過当競争」による経営の悪化によって，こうした施設の導入は困難であったと思われる．

こうした「過当競争」の結果，島産米価格にどのような変化が起こったのかを整理すれば，まず，基本的に外米の卸売価格は低下したものの，その低下分は中間卸売業者や小売店の利潤となり，特に外米の中心銘柄であった加州米の小売価格が引き下げられることはなかった[51]．むしろ，1963年5月には加州米の在庫が逼迫したことで，「自由化」以前には1トン当り180ドルに設定されていた小売価格が，一時的に同200ドルの水準まで上昇したほどであった[52]．各指定業者は販売を伸ばそうと，消費者に人気のある加州米や豪州米の輸入量を増やした．

他方で，前章でも述べた1960年代初めにおけるビルマ米の売れ行き悪化傾向は，「自由化」後に加州米を中心として食味の良い上級米が大量に輸入されたことで，さらに強化された．従来の小売価格は1トン当り150ドルで

---

49) 同上．
50) 前掲『沖縄食糧五十年史』137頁．社史では，その後1964年2月に精米機の増設が完了したことが記載されている．なお，この間について，沖食がアメリカの技術者を呼び寄せ，精米施設を導入することを計画していたという記述が，USCARの行政資料に残されている．前掲「Rice Imports From U. S. By Okinawa Food Company, Ltd.」(1963年9月5日)．
51) 『琉球新報』(1964年1月7日)．記事では，実際に小売価格が低下したのはビルマ米と豪州米だけであったと述べている．上級米である豪州米の価格が低下した要因として，前章でみたように，豪州米への差益額はほかの銘柄よりも高く設定されていたために，差益額の引き下げによって価格引き下げの余地が多分にあったことが考えられる．
52) 『琉球新報』(1963年5月10日)．

あったが，売りさばけないために，実際には同 130 ドルで値下げして売られるほどであった[53]．

一方，島産米については，その品質の不安定さが問題となっていた．米需法が時限法であったため検査官の養成ができず，米穀検査制度を導入することができなかったことがその背景にあった．さらに，1963 年は 75 年ぶりといわれた強度の旱魃であった．島産米生産量は激減した上に品質も悪かったため，良質安価な大量の輸入米との競合が問題となった．

3. 島内稲作の急減と食糧米需給構造の変質

3.1 「自由化」直後における島産米価格決定構造

前節で述べたように，1963 年 3 月の「自由化」によって上級米の輸入が増えたことは，島産米の輸入米との価格競争を不可避とした．他方で，琉球政府農政においても，サトウキビ・ブームの最盛を与件として島内稲作の比重が縮小する中で，特に 1962 年末から冷害と旱魃が相次いだことによって，その傾向は強化されることになった．本項では，1964 年度における島産米価格決定構造の特徴について，「自由化」の下での食糧米需給体制の変質と，沖縄農業における稲作の位置づけの変化の両面に着目して，明らかにする．

はじめに，1963 〜 1965 年における島産米価格の推移を示せば，表 3-5 の通りであった．本表のように，地域別に集荷・小売価格が設定されたことが，この時期の島産米価格支持政策の特徴であった．八重山産米を筆頭に，小売価格が大きく引き下げられていった．それにもかかわらず，集荷価格については，地域によって多少の上下はあるものの，おおむね維持されていたといえる．以下では，こうした米価が決定されていった過程を，「審議会参考資料」及び新聞記事を用いて検討していく．

先述のように，1963 年 3 月の「自由化」によって，輸入米の小売価格統制が緩和され，1 トン当り 200 ドルの上限価格が新たに定められた．しかし

---

53) 同上資料による．

表 3-5 島産米公定価格の推移

単位：1トン当りドル（白米換算）

	買上年度	1964	1964 改定	1965	1965 改定
集荷価格	沖縄島北部産米	230	230	240	240
	沖縄島中南部産米			230	230
	八重山産米			220	230
小売価格	沖縄島北部産米	230	220	200	210
	沖縄島中南部産米		220	180	190
	八重山産米		190	170	180

注：1) 1964年度集荷価格は，1963年10月15日に改定されたため，2期米から適用されることになった．1965年度集荷価格は，1964年8月1日に改定された．1期米の途中からの適用であった．
2) 産米の種類については，本文を参照．
出所：琉球政府「公報」各号より作成．

ながら，「自由化」実施当初において琉球政府は，島産米小売価格についてこうした統制緩和を適用しないことを想定していた．この背景として，前章で検討したように，米穀需給特別会計が差益金を唯一の財源としていたことから，その歳出を抑制するため，小売価格を引き下げることが困難であったことを挙げることができる．琉球政府は，島産米の小売価格については，従来通り1トン当り230ドルを維持する方針であった．

　1964年度の島産米の集荷価格や小売価格等を審議するため，1963年5月に米穀需給審議会が開催された．審議会では，それまでの3年間と同様に，島産米の集荷価格・小売価格ともに1トン当り230ドルとすることを，諮問案で求めた．集荷価格については，生産者代表が独自の生産費調査（1トン当り333.6ドル）をもとに生産費の高騰を指摘し，1トン当り250ドルへ引き上げることを要求した．しかしながら，琉球政府は生産費のすべてを補償する必要はないと反対し，消費者代表も島産米の買上価格が上がれば他の物価にも影響するとして同調したことから，集荷価格の引き上げは実現しなかった．他方で，指定業者や消費者代表は，小売価格の引き下げを主張した．従来通りの島産米小売価格では，輸入米との価格差が大きくなり売れ行きが鈍る恐れがあることや，旱魃によって島産米買上数量が減り補償金支出が想定よりも縮小するとの見通しから，小売値を引き下げることを求めた．琉球政府は，政府買上の島産米の小売価格を引き下げると政府買上以外の島産米価

格も低下するという懸念を示し，これに反対した[54]．琉球政府のこうした態度には，前章でみたように，米穀需給特別会計のバランスという点から小売価格の引き下げが困難であったという要因もあったと思われる．最終的には，琉球政府の主張が認められ，諮問案が採用された[55]．こうした点で，琉球政府は「自由化」路線をとりつつも，島産米買上事業については，従来通り継続する方針を持っていたといえる．

　島産米の卸売価格と小売価格は維持されたが，旱魃により島産米の品質が低下したこと，上級米が大量に輸入されたことによって，1963年産の島産米の売れ行きは悪化した．米需法による島産米の買上補償では，指定業者が農協から買い上げて2か月以内に販売することを前提として倉敷料と金利を払っていたが，実際にはその期間内で販売できなかった．指定業者らは価格を引き下げて売らざるを得ず，赤字を出したことから残りの島産米に対しては買い渋った．指定業者が買い上げないため農協では在庫が有り余るようになり，連鎖して生産者からの集荷をストップせざるを得ない農協まで出てきた[56]．特にこの問題は，島産米の品質が劣っているとされた離島地域で顕著であった[57]．

　こうした状況を受け，琉球政府は，島産米の小売価格を引き下げる方針へと転換した．1963年10月に臨時の米穀需給審議会を開催し，島産米の小売価格について，1トン当り230ドルの上限価格を定め，その範囲内で行政主席が小売価格を定めるという制度へと変更する諮問案を出した[58]．具体的には，この新制度の下で，沖縄島及び久米島の産米1トン当り220ドル，その他離島及び八重山の産米同190ドルとして，地域別価格を導入しつつ，小売価格を引き下げることを提案した．この提案に対して，生産者代表は小売価格の引き下げに反対し，指定業者は島産米小売価格を1トン当り200ドルま

---

54)　以上の記述は，『琉球新報』(1963年5月11日) による．
55)　『琉球新報』(1963年5月11日)．
56)　『琉球新報』(1963年9月2日)．
57)　『琉球新報』(1963年8月27日)．
58)　「【1963年第4回米穀需給審議会諮問事項】」(1963年10月8日) (前掲『米穀需給審議会提出資料』1963年度，所収)．なお同資料は，1963年10月8日に開催された米穀需給審議会で提示された審議会参考資料の一部と思われる．

表 3-6 琉球政府経済局の島産米小売価格案

単位：ドル，トン

	買上地域	沖縄島北部	沖縄島中南部	沖縄島離島	八重山	総買上予定量	価格補償費
第1案	小売価格 買上予定量	230 2,400	230 520	200 530	200 1,130	4,600	284,899
第2案	小売価格 買上量	230 1,850	230 150	200 350	200 750	3,100	191,271
第3案	小売価格 買上量	200 1,850	200 150	200 350	200 750	3,100	251,271
第4案	小売価格 買上量	220 1,850	220 150	200 350	200 750	3,100	211,270

注：1) 小売価格は，島産米の白米1トン当り小売価格．
　　2)「第4案」を検討した資料では，その「小売価格」「価格補償費」等の欄において，沖縄内の島産米小売価格を一律210ドルとした場合の試算が，鉛筆で書き足されている．しかしながら，この案については，上記資料の他の部分では扱われていないため，本文で述べる経済局内での調整段階では検討されなかったと考え，本表では取り上げなかった．なお，参考までにその場合に算出された価格補償費を示せば，220,270ドルになる．
出所：「米買上についての構想」（作成日不明）（前掲『米穀需給審議会提出資料』1963年度，所収）より作成．

で引き下げることを要望したものの，島産米小売価格制度の変更という諮問案に対しては特に異議が出されることなく採用された[59]．審議会閉会後，琉球政府行政主席は，当初の提案通り小売価格について，沖縄島及び久米島の産米1トン当り220ドル，その他離島及び八重山の産米同190ドルとして決定・告示した[60]．

　島産米小売価格の改定については，琉球政府の内部でも意見が分かれていた．島産米買上事業を管轄していた琉球政府経済局農務課では，表3-6で示すような4つの案を検討していた[61]．これらの案は，経済局商工課と調整するために作成されたものであった．経済局内でも，島内稲作の保護を図り，

---

59) 以上の記述は，『琉球新報』（1963年10月8日）による．ただし本文で述べたように，琉球政府が示した価格案に対しては，生産者代表・指定業者代表からそれぞれ反発があった．なお生産者代表が，農家からの買上価格が変わらないこと，鮮度の高いうちに産米を早く消化することが重要だとして，琉球政府案に同意していたことには留意する必要がある．
60) 琉球政府「公報」1963年第83号（1963年10月15日）．
61)「米買上についての構想」（作成日不明）（前掲『米穀需給審議会提出資料』1963年度，所収）．資料右上に，鉛筆書きで，「8月13日　商工課と調整」「第4案」とのメモがあることから，経済局農務課で作成されたものと考えられる．

島産米の集荷・小売価格を維持することを主張する農務課と，外米の調達を中心として食糧米需給政策全体を管轄し，島産米価格補償費の抑制を求める商工課の相違する立場があった．特にこの時期には，商工課は，島産米の取り扱いによって損失を生じていた指定業者らに配慮し，島産米価格補償費を抑制しつつも，島産米の小売価格の引下げを求める立場にあった．とはいえ，島産米小売価格の引下げは，その集荷価格を維持する限り，1トン当り島産米価格補償費の増大が不可避となる．こうした矛盾は「自由化」によって変質したとはいえ，依然として指定業者制度を中心としていた沖縄の食糧米需給体制において，むしろ「自由化」の中でも指定業者の経営を安定化させることが必要とされていたことの表出であったともいえる．

　島産米小売価格の引下げが，島産米買上事業を遂行する上で必要であったにせよ，政府買上の島産米小売価格を引き下げると政府買上以外の島産米小売価格も低下するという点から，農務課は，島産米の小売価格の引下げは最小限に抑えたい立場にあった．表3-6からは，島産米の小売価格の引下げを前提としつつも，地域別価格の導入によってその引下げ幅の一部縮小を試みた経済局農務課の試行の跡を確認できる．すべての案で，沖縄島の周辺離島及び八重山の産米の小売価格は，1トン当り200ドルを想定していた．これを前提として，沖縄島の産米の小売価格の引下げ幅の調整を図っていた．先述のように，沖縄島の産米は，周辺離島及び八重山の産米に比べて品質が高く評価されており，輸入米との競争力に応じて，小売価格も相対的に高値を設定することが許容された．市場の評価を踏まえた地域別小売価格の設定によって，島産米全体での小売価格の引下げ幅を最低限度にとどめることで，農務課は，島産米小売価格の引下げと島産米価格補償費の抑制という商工課の課題に対応しつつ，自らの課題である島産米集荷価格の維持を達成することを目指していた．

　また，島産米小売価格の引下げによる島産米価格補償費の増大を抑制するためには，島産米買上予定数量の削減も一つの手段となった．総買上予定量が第1案では4,600トンとされた一方，第2案以降では3,100トンに削減されていることも，こうした文脈で理解できる．前年度に当る1963年度の島産米買上数量は，予定数量8,000トンに対して実買上量は約5,600トンであ

った．旱魃によって生産量が急減したといえ，これを半分以下に削減することに対して，島内稲作農家の保護という点で農務課内では反発があったことは予想される．それにもかかわらず，島産米買上数量の維持を目指したものが第 1 案のみに限られていたことは，サトウキビ・ブームを通した沖縄農業のシフトの中で，島内稲作の比重が後退し，その保護をめぐっても，買上数量の縮小によって，1 トン当り価格補償費を増大させるという方針へと転換せざるを得なかったことを示唆している．

　農務課と商工課の調整の結果，採用されたのは第 4 案であった[62]．第 4 案の特徴は，沖縄島の産米と，その周辺離島及び八重山の産米に対して，従来の小売価格（1 トン当り 230 ドル）よりも低い小売価格を，地域別の価格差をつけて設定したことにある．商工課が求めた島産米の小売価格の引下げと，農務課が求めた集荷価格の維持を同時に実現するならば，必然的に島産米価格補償費が増大することになる．小売価格を地域別に定めることで，その引下げ幅を最小限度とし，かつ買上予定数量を削減することで，島産米価格補償費の増大を抑制できた．この点で，第 4 案は，農務課と商工課の双方の立場を踏まえた妥協的な価格設定であったといえる．

　経済局内での調整が行われたのは 1963 年 8 月であったが，先述のように，琉球政府が 1963 年 10 月の審議会で提案した小売価格は，沖縄島の産米 1 トン当り 220 ドル，沖縄島の周辺離島及び八重山の産米同 190 ドルであった．第 4 案よりも，後者の地域の価格が 1 トン当り 10 ドル引き下げられていた．これは，先の第 4 案に対して琉球政府経済局商工課が，一度は合意したものの，島産米小売価格のさらなる引下げを求める方針に転換したことを示唆する．

　「自由化」以降，輸入米の小売価格の上限は 1 トン当り 200 ドルとされており，表 3-6 でみたように，経済局農務課は，島産米のうち品質の劣るとされた沖縄島離島及び八重山の産米であっても，同価格であれば，それらの輸入米に競争できると考えていた．しかしながら，先述のように，「自由化」以降大量の外米が輸入されたこと，他方で，旱魃によって島産米のうち，特

62）　前掲「米買上についての構想」．

に八重山地方の産米の品質が低下したことによって，こうした想定が成立しなくなったと考えられる．この点については，八重山の産米を，指定業者が買上を渋っていた問題があった[63]．琉球政府は指定業者に対して，農協から島産米を買い上げるよう，再三の行政指導を行っていた[64]．管見の限り，八重山地方を除いてはこうした事例は琉球政府文書に残されていない．早魃による島産米の品質低下は，特に八重山において深刻であったことが示唆される．

　先述のように，経済局商工課は，指定業者の利害関心を一部代表する立場にあった．1963年10月の米穀需給審議会の直前には，指定業者は，島産米小売価格について1トン当り200ドルが適正価格であると主張し，小売価格の引下げを求めていた[65]．こうした状況を与件として，島産米小売価格案の引下げを農務課に迫ったと思われる．その際に適正価格の根拠として示したと考えられるのが，同時期に実施した「島産米小売価格調査」であった．同調査は，生産者・消費者・流通業者から構成された9名に，島産米の適正小売価格を回答させたものであった[66]．資料には，「本資料により，沖縄米（久米島含む）小売22¢／八重山（伊是名伊平屋含む）19¢として，局内調整により決定する」との記載がある．島産米小売価格をめぐっては，従来農務課が主導権を握っていたものが，「自由化」後の島産米と輸入米の価格競争という状況を経て，商工課の立場をより反映させざるを得なくなったことが，この時期の島産米価格の決定構造の特徴であった．

---

63) 「【通知案】島産米穀の買上について（指示）」（1963年8月16日起案，翌17日決裁）（経済局農務課湧上友雅起案）（琉球政府経済局『島産米買上関係』1964年度，R00053543B，所収）．

64) 同上資料，「島産米穀買上について（指示）」（1963年12月3日起案，同日決裁）（経済局農務課湧上友雅起案）（前掲『島産米買上関係』1964年度，所収），及び「島産米穀買上について（指示）」（1963年12月23日起案，同月31日決裁）（経済局農務課湧上友雅起案）（前掲『島産米買上関係』1964年度，所収）．

65) 「指定業者も島産米の在庫をかかえて困っており23セントで小売しなければならないものを赤字を出して先島米は18セントから19セント，北部米は21セントから22セントで販売している状態である」として，小売価格の引下げを求めていた．『琉球新報』（1963年10月7日）．

3.2 指定業者の利害関心を受けた島産米小売価格の さらなる引下げ

前項では，「自由化」後の 1964 年度島産米買上事業において，指定業者の関心を背景として，島産米小売価格が地域別価格の導入を伴いつつ引き下げられた過程について述べた．しかしながら，この価格に対しても，指定業者と消費者代表からはまだ高いという声が上がっていた[67]．本項では，翌 1965 年度において，指定業者の利害関心がさらに強く反映された結果，島産米小売価格がさらに引き下げられる過程を明らかにする．

1964 年度の島産米小売価格改定の結果，島産米の中でも，北部で生産された米は売れ行きが良くなった一方で，八重山の産米の売れ行きは悪いままであった．指定業者による島産米の買い渋りも依然として続いており，琉球政府は，1965 年度島産米買上事業において，島産米小売価格をさらに引き下げることを企図し，1964 年 5 月に米穀需給審議会を開催した．

同審議会で，琉球政府は，さらに細かい産地別価格体系を提示した．まず，小売価格について確認すると，沖縄島北部の羽地・名護の産米（以下，沖縄島北部産米）が，1 トン当り 220 ドルを維持した一方，沖縄島のその他の地域及び久米島の産米（以下，沖縄島中南部産米）が同 220 ドルから 200 ドルに，その他離島及び八重山産米（以下，八重山産米）も同 190 ドルから 180 ドルに

---

[66] 「島産米小売価格調査書」（作成日不明）（前掲『米穀需給審議会提出資料』1963 年度，所収）．右上に「1963 年 10 月 10 日小売価格決定協議会資料とした」，中央下に「本資料により，沖縄（久米島含む）小売 22¢／八重山（伊是名伊平屋含む）19¢として，局内調整により決定する」との記載がある．本文で述べたように，米穀需給審議会が 1963 年 10 月 8 日に開催され，琉球政府行政主席が島産米小売価格を決定できるよう制度変更された．行政主席の決定にあたり，琉球政府内で改めて島産米小売価格について協議が行われた場が「小売価格決定協議会」と思われるが，他の琉球政府文書や新聞資料には同会の記述はなく，詳細は不明である．なお，「島産米小売価格調査書」の回答者 9 名のうち，以下の 4 名は米穀需給審議会の委員であった（前 2 名が生産者代表，後 2 名が消費者代表）．平良太郎（石垣市農信協長），松田幸徳（羽地村仲尾次農協長），仲宗根郁子（沖縄婦人連合会副会長），翁長君代（琉球大学農家政学部教授）．他の回答者のほとんどは所属不明であるが，大見謝恒造，国場吉保の 2 名は，回答用紙への記入内容から，指定業者または営業所で島産米の卸売を行っていることが推察される．

[67] 『琉球新報』（1963 年 10 月 15 日）．

引き下げられた。さらに、集荷価格については、従来沖縄内一律で1トン当り230ドルであったものが、沖縄島北部産米240ドル、沖縄島中南部産米230ドル、八重山産米220ドルに分かれた。

島産米の小売価格だけでなく集荷価格についても地域別に設定したこと、また、前年度に比べて地域をさらに分割したことに至る琉球政府内における価格決定過程においては、不明である。こうした背景を考察するならば、小売価格が最も高く設定された沖縄島北部産米については、その産地である羽地村や名護町は、沖縄島内の稲作の中心地であり、また、その産米の品質は従来から高く評価されていた。市場での評価に応じて、産米の小売価格を地域別に設定し、さらにそれを集荷価格にも反映させたものと考えられる。

しかしながら、この琉球政府の諮問案に対して、指定業者は、政府原案よりも価格をさらに引き下げることを強く主張した[68]。指定業者は、島産米の販売を農協が行うことを求めるも、生産者代表に拒絶されたため、小売価格については自らの利害関心に沿って引き下げることを主張したと思われる[69]。その結果、政府原案は修正され、沖縄島北部産米1トン当り200ドル、沖縄島中南部産米同180ドル、八重山産米170ドルに引き下げられ決定された。前項では、経済局内の政府案調整過程において、指定業者の利害関心を一部代弁した商工課の主張によって、島産米小売価格の一部引き下げが図られたことを確認したが、その後、米穀需給審議会において、指定業者が自らの利害関心を主張し、琉球政府諮問案の修正を実現するに至った。こうした状況

---

68) 「本件は、審議会で業者が政府原案での販売は出来ないとして、価格引下げをしたものである。」との書き込みが、「米穀需給審議会参考資料」に残されている。琉球政府経済局「米穀需給審議会参考資料」(1964年5月29日)（前掲『米穀需給審議会提出資料』1965年度、所収）。

69) 本文で後述するように、生産者らから島産米の集荷・小売価格の引上げを求める陳情がなされた。これらの一部が琉球政府内で「供覧」された際に、経済局農務課の職員が添付したと思われる「意見」において、次の通り述べられている箇所から推察した。「陳情書では、農協に販売を一任して頂きたいとの事であるが、此の件については、審議会の席上、指定業者、代表委員が販売を農協でやって貰いたいとの意見に対し、生産者代表は農協では販売できない旨答べんがあり、従来どおり指定業者が販売することになった」（原文ママ）。「【一応供覧】島産米価引上げについての要請」(1964年6月16日受付、同月19日決裁)（経済局農務課湧上友雅作成）（前掲『島産米買上関係』1964年度、所収）。

の変化の背景として，まず，「自由化」後の外米輸入量の増大と品質の向上が，さらに進展したことを挙げることができる．特に，沖縄島の産米は，この1964年5月の審議会で，諮問案よりも1トン当り20ドルの小売価格の引き下げを余儀なくされていた．最も高い沖縄島北部産米でさえ，輸入米と同じく1トン当り200ドルの小売価格とされており，輸入米との価格競争による影響を，前年度以上に強く受けていた．他方で，指定業者の経営状況の変化にも留意する必要がある．前節で述べたように，「自由化」後の「過当競争」によって，指定業者の経営は悪化した．前項で述べたように，「自由化」によって若干の変質があったとはいえ，沖縄の食糧米供給において，外米の調達と，島産米の販売の両面において，指定業者が核となっていた．沖縄の食糧米供給の安定性の維持という点で，指定業者の経営を保護するという課題が琉球政府内にはあったのであり，指定業者の経営状況に配慮し，島産米買上事業における負担を抑えるという目的で，島産米小売価格の引下げに琉球政府が同意したという面もあったと思われる．

以上のような経緯で設定された，琉球政府による1965年度の島産米公定価格に対して，特に，八重山地方の生産者や自治体が反発し，価格の引上げを求める陳情を行った．まず産米の評価が低かった八重山地域の農協が，八重山産米も沖縄島の産米と同水準の1トン当り230ドルで買い上げるか，または小売価格を5月の審議会で琉球政府が出した1トン当り180ドルに修正し，島産米の販売を指定業者ではなく農協に一任することを要望した[70]．さらに，最も集荷価格の良かった沖縄島羽地村及び名護町においても，農協と自治体が連名で，島産米小売価格を1トン当り10ドル引き上げるか，そうでなければ集荷から販売までを農協に一任することを求め陳情した[71]．

両者ともに，島産米販売業務の農協への移管を求めた背景には，島産米買上事業の中核を指定業者が担っている限りで，島産米小売価格の設定にも，指定業者の利害関心が反映されるという懸念があったと考えられる．先述の

---

70) 「島産米価引上について要請」(1964年6月10日)(石垣市農業協同組合長　平良太郎他3名の連名，経済局長宛)(前掲『島産米買上関係』1964年度，所収).

71) 「島産米販売価格引上についての要請」(1964年6月24日)(羽地村仲尾次農業協同組合長　松田幸徳他11名の連名，経済局長宛)(前掲『島産米買上関係』1964年度，所収).

ように，米穀需給審議会に生産者代表委員として出席した農協長らは，指定業者から島産米販売業務の移管を求められた際に，一度拒否していた．その要因の一つとして，島内稲作の主産地が沖縄島北部や八重山などであり，主消費地である那覇へのアクセスが悪く，卸売販売ルートを作り上げることが困難であったことが挙げられる．この問題が解決されたわけではなかったが，農協は先述のような懸念から，島産米販売業務の移管を求める方針に転換したといえる．

以上のような生産者の要望を背景として，1964年7月に再度米穀需給審議会が開催されると，琉球政府は，指定業者に代わって農協が島産米販売業務を担うという制度変更を諮問した．さらに，生産者からの要望通りに島産米小売価格が引き上げられ，沖縄島北部産米1トン当り210ドル，沖縄島中南部産米190ドル，八重山産米180ドルに改定することを提案し，審議会も，これらの諮問を容認した[72]．ただし，5月の審議会における政府原案に比べると，1トン当り10ドル低い水準であったことには留意する必要がある．島産米販売業務が農協に移管されたとはいえ，「自由化」後の大量の上級米の輸入によって，島産米小売価格を引き下げざるを得なかったといえる．

3.3　米穀需給調整特別会計

前項で確認した米価の推移を，米穀需給特別会計から確認する．同特別会計の推移を表3-7で示した．まず，差益金収入の縮小が確認できる．特に，「自由化」後は差益額が抑えられたため，輸入量が増大したにもかかわらず差益金収入が減少した．1963年4月に差益額は全銘柄一律1トン当り1.58ドルと定められたが，その後同0.75ドルに引き下げられ，1964年7月以降は差益金を全くとらなくなった[73]．

米穀需給特別会計の第2の特徴として，前章の時期と同じく，前年度余剰金の拡大傾向を指摘できる．島産米への価格補助は，「自由化」以前は，流

---

72)　琉球政府「公報」1964年号外第45号．
73)　「第28回議会（定例）立法院経済公務委員会議録」第12号（1965年2月19日）．差益金については，「自由化」以降，「公報」で告知されなくなったため，本資料により確認した．

表3-7 米穀需給特別会計の推移

単位：ドル

年度		歳入				歳出			
		差益金	雑収入	前年度剰余金	合計	補償費	事務費	予備費	合計
1961	予算	513,700	1	96,330	610,031	571,200	1,000	37,831	610,031
	決算	472,543	0	228,804	701,347	429,769	727	0	430,496
1962	予算	350,000	1	230,585	580,586	527,000	1,530	52,056	580,586
	決算	584,457	1,731	270,851	857,039	286,902	1,014	0	287,916
1963	予算	390,380	1	441,740	832,121	756,558	3,140	72,423	832,121
	決算	436,128	2,820	569,123	1,008,071	316,491	2,246	0	318,736
1964	予算	54,000	1	693,772	747,773	265,659	2,920	479,194	747,773
	決算	63,058	4,204	689,335	756,596	153,507	2,326	0	155,833
1965	予算	0	1	576,670	576,671	393,558	1,754	181,359	576,671
	決算	0	11,077	600,763	611,841	183,833	1,994	0	185,828

注：1）小数点以下を四捨五入して作成したため，合計が一致しない場合がある．
　　2）雑収入は，1964年度は剰余金を預託した利息収入，1965年度は農協からの返還金による．
出所：琉球政府企画局『一般会計・特別会計歳入歳出決算』各年度版より作成．

通経費を補助するにとどまっていた．「自由化」以降は，集荷価格を同水準にとどめつつも，小売価格を引き下げ，その分多額の補助をするようになった．しかしながら，生産費に比べると十分な水準ではないという状況は変わらず，買上予定量に対して実際の買上量の比率が低位にとどまったため，多額の余剰金が繰り越される構造は継続していた．特に，「自由化」以降，外米への価格補助が行われなくなったことと，旱魃を契機として島産米の生産量が急減したことによって，1964年度の補償費の水準は，予算ベースで前年度より50万ドル近く低下した．先述したように，1965年度からは差益金を全くとらなくなってなお，米需法が時限となる1965年度終了時において，400万ドル余りの余剰金が積み立てられていた．

最後に，表3-8で，島産米買上量と1トン当り補償額の推移を示した．「自由化」の前後で，生産量の減少もあり，買上量は，2分の1～3分の1程度に減少した．1965年度の買上量が生産量に比べて低くなっているのは，先述のように政府買上分の島産米小売価格が引き下げられたものの，島産米の市場価格に大きな変化はなかったために，集荷が進まなかったと考えられる[74]．

とはいえ，1トン当り補償額は，「自由化」を経て大きく引き上げられた．

表 3-8　島産米買上量の推移

単位：トン，％，ドル

年度	生産量	買上量	買上比率	予定量	充足率	トン当り補償額
1961	28,765	6,607	22.97	10,000	66.07	51.88
1962	22,777	5,435	23.86	10,000	54.35	52.78
1963	22,574	5,624	24.91	8,000	70.30	53.71
1964	6,911	2,085	30.17	4,600	45.33	73.62
1965	9,214	1,776	19.28	5,500	32.29	103.51

注：トン当り補助額は，当該年度の補償費支出額を，買上量で割って算出した．また，数量はすべて白米換算である．

出所：琉球政府企画局『一般会計・特別会計歳入歳出決算』各年度版，「公報」各号，『琉球統計年鑑』各年版より作成．

これは，集荷価格を維持しつつ小売価格を引き下げたことで，その分の政府の負担が大きくなったことを示す．逆に，こうした比較的大きな1トン当り補償額を実現するためには，買上量自体が減少すること，すなわち旱魃を契機として稲作からサトウキビ作への転換が進むことが前提であった．買上量を減少させる代わりに1トン当り補償額を増大させるというこうした取り組みは，1965年立法の稲作振興法で，稲作振興地域の選別と生産地別価格の設定へと継承されていった．

おわりに

本節では，「自由化」に至る政治過程と，その後の琉球政府食糧米政策の転換の実相について検討した．

まず第1の課題について述べれば，アメリカ商社の加州米の沖縄への輸出

---

74) 勝連は，「政府の買い上げ算定がきびしく，価格補助が少なかったこと」「島産米が減少するにつれて希少価値を呼ぶようになったこと」から，産米を政府に売りたがらなかった農家がいたと指摘した．勝連哲治「アジアの稲作と食糧事情」（美土路達雄編『米——その需要と管理制度』現代企画社，1969年）．琉球政府経済局「小売物価統計調査」（第2章参照）によると，1965年度1期米の買上・販売が開始される1964年8月ごろまでは，島産米の小売価格も1キロ当り23セントを維持していたことは，こうした記述を裏づけるものと思われる．しかし，同調査によれば，1964年9月以降は，同21セント水準へと低下している．こうした状況下で島産米の集荷が進まなかった原因については不明である．旱魃を契機とした稲作からサトウキビ策への転換について，島産米買上事業に参加するような比較的規模の大きな稲作農家でその割合が大きかったことが考えられるが，詳細な検討は，今後の課題としたい．

拡大という利害関心を汲み，USCARは加州米の輸入増大を琉球政府に求めることになった．同時に，「自由化体制」の下でも特例的に保護が許されていた食糧米輸入や価格の統制について，それを緩和するように求めることになった．こうしたUSCARの政策課題を直接の契機として，琉球政府は，1963年3月に食糧米統制の「自由化」へと転換した．それは琉球政府から見れば，日本政府による沖縄産糖の保護政策が本格化したことを背景とした，サトウキビ作を中心とする農業構造を形成するという課題に適合的なものであった．

次いで第2の課題については，「自由化」の政策的な狙いは達成され，各指定業者が競争的に食糧米輸入・販売を行うことになった．これによって，輸入米は加州米を中心とした上級米中心の構成となり，島産米の小売価格の引き下げ圧力として作用した．政府買上事業における小売価格は，指定業者及び消費者の利害に沿って引き下げられた．その際，集荷価格については，それまでの水準を維持したことに留意する必要がある．島内稲作の保護という政策課題は，琉球政府農政における比重は低下したものの，存続していた．集荷価格の維持と小売価格の引き下げを両立するならば，1トン当り島産米価格補償費の増大が不可避となるが，小売価格を地域別に設定することでその引き下げ幅を最小限にとどめ，かつ買上予定数量を削減することで，島産米価格補償費の増大を抑制することができた．このような方針転換が可能となった背景には，サトウキビ・ブームによって島産米の生産量そのものが縮小したことがあった．

以上のような当該期の琉球政府食糧米政策における「自由化」の方針は，1965年6月に米需法が時限を迎えることから，新たな立法によって継承されるものだとされていた．しかしながら，島産米生産の急激な縮小と，「過当競争」による指定業者の経営の悪化という2つの矛盾により，その後，再検討を迫られることになった．

第 4 章　島産米保護への回帰：1965 〜 1969 年

はじめに

　米需法の時限に備えて，琉球政府内では新たな食糧米政策が模索され，1965 年には，稲作振興法及び米穀管理法（外国産米穀の管理及び価格安定に関する立法）が策定された．本章の課題は，まず，この二法が 1965 年に制定される政治過程を，前章でみた「自由化」によって生じた食糧米政策上の問題に着目して，検討することである．さらに，1970 年に本土米供与が開始されるまでの，1965 〜 1969 年における二法の下での米価の決定構造を明らかにする．

　当該期の特徴は，琉球政府が USCAR に対して，相対的に自律的に食糧米政策を形成・遂行することができたことであった．USCAR との関係についてみれば，日本への「復帰」運動が高まりを見せる中で，USCAR は沖縄側に対して，自治領域の拡大によって懐柔を図った．その最も象徴的な出来事として，1968 年 11 月に初の行政主席選挙が実施されたことを挙げることができる．それまで行政主席は，USCAR 高等弁務官の意向を強く受けて選出されていたが，それ以降は住民選挙によって選ばれることになった．その結果，琉球政府はより沖縄住民の利害を踏まえた政策をとることになった．他方，日本政府の沖縄産糖買入は継続していたものの，1964 年の国際糖価の急落によって生産者価格は低迷し，1963 年次が 1 トン当り 24.71 ドルであったものが，翌 1964 年に同 14.74 ドルとなった．その後 1960 年代後半においても同 16 〜 17 ドル水準にとどまり，沖縄内のサトウキビ・ブームは終焉し，停滞局面に入ることになった．こうした状況を前提として，琉球政府農

政にとっては，島産米保護が再び農政の課題となった．

以上のような状況を前提として，本章では，上記の課題に対して次の手順で接近する．第1節では，稲作振興法及び米穀管理法の制定過程と，この二法による食糧米管理制度の特徴について検討する．特に，前章でみた「自由化」後の沖縄内食糧米政策の状況に対する琉球政府及び USCAR の関心の変質が，制度に対してどのような規定要因となったのかに着目する．第2節では，外米価格と課徴金額の決定構造を，米穀需給審議会の議事録を用いて明らかにする．その上で，こうして決定された外米価格と課徴金額が，島産米の買入価格をどのように規定していったのかを，稲作振興審議会の議事録を利用して，第3節で検討する．

1. 稲作振興法及び米穀管理法の制定と USCAR の対応

1.1 島産米保護への回帰

本項では，稲作振興法及び米穀管理法の制定過程を検討する．

米需法の時限は 1965 年 6 月であったが，その延長は考えられていなかった．そこでまずは，島内稲作の位置づけに着目しつつ，琉球政府がどのような食糧米政策を構想していたのかを整理する．

最も初期に検討されたのは，食糧米政策の「自由化」と同時の 1963 年に策定された「稲作改良法案」であった[1]．同時期において琉球政府は引き続き「自由化」方針を強化し，将来的には外米の輸入統制を完全に撤廃することを構想していた[2]．その一方で，「自由化」が強化されてもなお島内稲作の保護を継続することを考えていた．同法案を必要とする理由について，資

---

[1] 同法案の全項は不明であるが，4つの項目からなる法案の「骨子」とされる内容について，以下の2点の資料で言及されている．「稲作改良法の制定について」（琉球政府経済局『米穀需給審議会提出資料』1963 年度，所収），及び「稲作改良法について」（1964 年 1 月 8 日）（農林局『稲作振興法 米穀の管理及び価格安定に関する立法』R00053701B，所収）．本章では，これらの資料を用いて以下で検討する．

[2] 「同法 [米需法—引用者注] の時効後，外米の輸入は完全自由化にふみ切る方針」とする経済局長の発言が報道された．『琉球新報』(1963 年 10 月 7 日)．

1. 稲作振興法及び米穀管理法の制定とUSCARの対応

料では次のように述べられている.

> 「水稲は,糖業,パインに次ぐ琉球の基幹産業であり……[中略]……貿易が自由化された今日,従来のものよりさらに進歩的な制度のもとに自由化に対処しうる手段を講ずるためこの立法を提案する.」[3]

前章で述べたように,「自由化」によって,加州米に代表される上級米が大量に輸入されることになり,その結果,米需法の島産米価格支持政策は,島産米の集荷価格を引き上げるのではなく,小売価格を引き下げる方向で発動された.「自由化」を前提とすれば,価格支持のみによって島内稲作の保護を図ることは,琉球政府が抱えていた財政的な制約の下では困難であった.そこで,琉球政府官僚は,米需法から島内稲作の保護の部分を切り出し,島内稲作保護政策を改めて策定しようと試みたと思われる.稲作改良法案の内容を述べれば,第1に,主産地を指定して水田の基盤整備を行い,琉球政府が助成すること.第2に,島産米買上事業を継続すること.第3に,5年の時限法とすることであった[4].これらの内容からは,稲作改良法案においては,生産力政策を含めた総合的な島内稲作保護政策が構想されていたといえる.

このように,「自由化」にもかかわらず,同時に島内稲作の保護を強化していく課題を琉球政府農政が持った背景として,第1に,「自由化」後の島内稲作が,琉球政府が想定していた以上に縮小したことが考えられる.前章でも述べたように,島内稲作の生産量は,1961年と1962年には白米換算で22,000トン以上あったものが,1964年には旱魃の影響もあり,6,900トンに急落した.翌1965年になっても生産量は完全に回復せず,9,200トンにとどまっていた.他方で,1964年には国際糖価が暴落し,沖縄内でもサトウキビ買入価格が大きく引き下げられた結果,稲作とサトウキビ作の収益性も接近することになった.この点で,「自由化」以前まで有望な経済作物とし

---

3) 前掲「稲作改良法について」.
4) 前掲「稲作改良法の制定について」.なお,島産米買上事業については,農協が主体となって実行することが想定されていた.

て評価されていた水稲が再評価され，稲作農家の保護が改めて農政の課題となったと思われる．第2に，後述するように，「自由化」が実施された1963年から1960年代後半にかけて，国際米価は上昇傾向にあった．「自由化」によって食糧米供給の不安定性が生じる以上，こうした状況にあっては食糧米の自給を一定程度確保するということが重視されるという文脈で，島内稲作の保護が求められたと考えることもできる．

稲作改良法案はその後廃案になったが，それに代わる稲作振興法案が1964年5月に策定された[5]．琉球政府は，稲作振興法案について，同年6月にUSCARとの事前調整を終え，翌7月に立法院に提出した[6]．稲作振興法案の内容は，先述の稲作改良法案が打ち出した生産力政策と価格政策の両面から島内稲作の保護を図る方針を，基本的に継承するものであった．同法の下で，農協が生産者から島産米を買い上げ，それを指定業者に売り渡すか直接小売販売する．それらの買上価格，卸売価格，小売価格は琉球政府が定めるものとし，それによって生じる農協の赤字を政府が負担する内容であった．同法は5年間の時限法とされた．これに加えて，対象地域の選別と地域別価格の導入という2点が追加された．すなわち，買上事業の対象となるのは，琉球政府が指定した「生産区域」に限られ，その際の価格は，地域別に差が付けられた[7]．

法案を審議した立法院経済工務委員会では，主にこの2点を中心に議論が交わされた．前者については，琉球政府は「適地適作」という表現で，島産

---

5) 稲作改良法案が廃案になった経緯については，資料的な制約から不明である．単なる名称の変更の可能性もあるが，少なくとも1963年末において二法案が同時に存在しており，別個に検討されていたことも考えられるため，本章では廃案とする表現をとった．なお，稲作振興法案について最も早く言及している資料として，1963年12月に起案された次の資料を挙げておく．「稲作振興法の制定について」（湧上友雅作成，1963年12月26日起案，1964年5月11日決裁（内務局））（前掲『稲作振興法　米穀の管理及び価格安定に関する立法』所収）．

6) 「Legislation of a Bill Concerning Development of Paddy Rice Production」（1964年6月24日）（USCAR総務部長 John M. Ford 発，琉球政府行政主席宛）（前掲『稲作振興法　米穀の管理及び価格安定に関する立法』所収）．「第25回（定例）会議録」第94号（1964年7月14日）．

7) 以上の法案の内容については，立法院経済工務委員会に最初に提示されたものをもとに記述した．

米買上事業の対象地域を限定し，その地域に限って買上げを行うことを主張した[8]．前章で述べたように，サトウキビ作の収益性は低下したものの，稲作よりは高収益であったことを踏まえて，原料の確保が重要となる分蜜糖工場周辺にサトウキビ作を集中させ，その作付けが困難な地域に限り稲作を許容することが構想されていた．後者については，品質差を代表させる指標として地域を設定し，地域ごとに価格差を設定した．品質差を等級で反映することが最も適当な手段だとする認識は，琉球政府と委員の間で共有されていたが，米需法が時限法であったために，品質検査の検査官を養成することは困難であった．そこで，次善の策として，地域別価格を導入した．これら2点については委員からの反対が寄せられ，最終的には両方とも削除された[9]．

　稲作振興法に遅れて，琉球政府は米穀管理法案を策定し，1965年4月に立法院に提出した[10]．前章で述べたように，「自由化」は，基本的には米需法の改正を伴わず，専ら行政的な対応によって実施された政策であった．その実態を改めて立法化したものが米穀管理法であり，「自由化」を前提とした米需法の後継法として位置づけることができる．法案の内容をみれば，輸

---

8) 「……局としましては，これからすべての作物を適地適作主義に基づいてやるような方針を持っております．……［中略］……20町歩以下であっても，どうしてもこれに頼らなければいかないようなところ——農業形態がこれに頼らなければいけないところ——そういうところを調査の上，これはこれにとらわれなくても指定すべきではないか，とこのように考えております．」という上原進助（琉球政府経済局農務課農政係長）の発言がその一例である．「第28回（定例）会議録」第37号（1965年4月7日）．

9) 稲作振興法案の14条（政府による農協への島産米買入勧告），15条（地域別価格の設定）をめぐって，以下のような主張がなされた．砂川旨誠（立法院議員，経済工務委員会委員長）「……15条，これはもういまさきの14条の審議の過程において，これが義務づけになった場合に15条の条文がどうなるか，その点の検討願います．つまり1項はいいけれども，2項に来て審議会にはかる場合，米価，買い入れ数量ということが審議会にこれもはかられると困るのか．一応14条で義務づけられておりますので，問題になりますものは，それ以後の買い入れ基準価格と，それから生産費，米価，物価，そういったようなあらゆる問題などが審議会にはかられる事項になるんであって，買入数量ということは15条から省けるんじゃないか……」「第28回（定例）会議録」第39号（1965年4月9日）．ただし，第3条（生産区域の指定）をめぐり，この指定を受けなければ第14条の買入勧告がされず，第15条の適用も難しくなるとする委員の指摘がある（桑江朝幸委員，「第28回（定例）会議録」第15号（1965年3月24日））．生産区域外からの買上げを認めるとした上で，それらについても買上価格等を定める必要があるという点で，「地域別価格」条項については廃止になったものと考える．

10) 「第28回（定例）会議録」第38号（1965年4月8日）．

入量の上限を設け，その範囲内で各指定業者が外米を買い付け，沖縄内で販売することになったものである．その際の卸売価格及び小売価格の上限を，琉球政府が定めることとした．差益金は課徴金と名称を変えたが，米需法と同様に，外米から課徴金を徴収し，島産米の価格支持の財源とすることが謳われた．委員会では，課徴金によって島産米価格支持を行うことは，所得再分配という点から適当ではないとする意見等が出されたものの，細かい条文の修正を除けばほとんど原案通りに採決された．

以上の制定過程からは，次の2点が指摘できる．第1に，稲作振興法と米穀管理法によって，輸入米と島産米で価格・流通を管理する系統が2つに分かれることになった．こうした制度が形成された背景として，琉球政府が，外米の輸入について「自由化」路線を継承することを認めながらも，稲作農家の保護の強化という点から，島内稲作保護政策については，米需法とは異なる制度によって実現することを求めたことが挙げることができる．とはいえ，第2章で述べたように，米需法は当初恒久法として立案されたものの，USCAR による容喙によって時限法となった経緯があった．島産米保護については，米穀管理法で定められた課徴金を財源として島産米の価格支持をするという制度は，期限を限らなければ USCAR が許容しないという理解があったと考えられる[11]．その結果，米穀管理法案が恒久法として立案された一方，稲作振興法案が5年の時限法となった[12]．しかしながら，法案審議の最終盤において，稲作振興法の時限は撤廃された．島内稲作の保護については，委員の中でも重要な課題であると考える者が多かったといえる．

第2に，稲作振興法の制定過程では，琉球政府は買上対象地域の選別と地域別価格を当初志向していた．しかしながら，法案の審議過程において，これら2点は廃止され，さらに，時限法の規定も撤廃された．加えて，島産米価格支持の財源として，課徴金だけではなく，琉球政府一般会計からの繰入

---

11) 琉球政府経済局農務課農政係長であった上原進助は，稲作振興法案に時限を定めたことの理由を，USCAR に説明するためであると述べていた．「第25回（閉会）会議録」第20号（1965年3月4日）．
12) 経済局長の久手堅憲次は，二法の立法趣旨の説明に際し，食糧米供給の大部分を担っている輸入米については永続的に管理する必要があるものの，島内稲作の保護については時限法であるべきだと述べていた．前掲「第28回（定例）会議録」第38号．

れも制度的には可能となった．米需法下の制度よりも保護の強度の高いものとなった．

こうして制定された稲作振興法及び米穀管理法は，USCAR との事後調整においても許容され成立した．一般会計からの支出が制度上可能になったこと，及び島内稲作の保護を恒久法で行うようになったことについて，USCAR が米需法の制定過程と異なり，何ら容喙しなかったことについて考察すれば，その要因の一つとして，食糧供給に占める島産米の割合の違いが挙げられる．米需法制定直後の 1960 年産米が，白米換算で 28,000 トンを上回っていたのに対して，稲作振興法が議論されていた 1964 年は 9,200 トン程度であった．これに関連した 2 つ目の要因が，USCAR の食糧米をめぐる関心の変化であった．米需法制定時には，食糧需給の安定と，「自由化体制」の下での経済開発という点からの低米価政策を志向していた．稲作振興法制定時には，国際的な食糧米需給の緩和と，沖縄の戦後経済復興が進んだことによって，食糧供給の確保及び低米価政策という関心は後退し，加州米の輸出が現状と同じ程度に保たれる限りで，琉球政府の島産米保護政策には特に関心を持たなかったと思われる．1963 年の「自由化」が，米穀管理法によって制度化され継承されたことで，生産量が急減し，輸入量の大枠に対しては限定的な影響力しか持たない島産米を保護することに対して，特に介入することはなかったと考えられる．

1.2　稲作振興法及び米穀管理法下の食糧米管理制度

本項では，1965 年 7 月以降の琉球政府の食糧米管理制度を整理する．同制度について，図 4-1 で示した．

稲作振興法では，島産米の保護・管理を目的として，島産米の買入価格・卸売価格・小売価格の範囲を定めた[13]．農協が各農家から生産米を買い上げ，それを販売店に卸売りをするか，または農協購買部で小売りをした．この際

---

13)　稲作振興法の内容には，島産米の価格管理以外に，一般会計からの支出による基盤整備事業の実施が含まれている．「稲作振興地域」に指定された地域においては，琉球政府の全額補助の下で土地改良等を行った．本章では価格政策を中心に論じるため触れないが，こうした生産力政策の展開については今後の課題としたい．

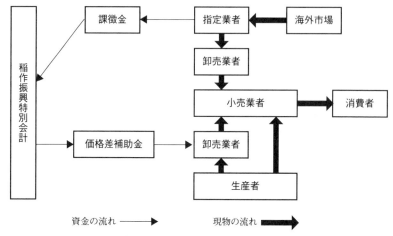

図 4-1　稲作振興法及び米穀管理法下における食糧米の流通

出所：琉球政府「公報」（1965 年号外第 37 号（1965 年 7 月 13 日））より作成．

に価格差によって生じる農協の損失を，琉球政府が補償した．島産米買上予定量及び，買入価格，卸売価格，及び小売価格の基準価格は，毎年 5 月ごろに稲作振興審議会に諮られ，その答申をもとに行政主席が決定した．各農協は買上計画を毎年提出し，それをもとに琉球政府が買上量を割り当て，その範囲内での買上分のみが価格差補助金の対象となった．

　米穀管理法では，琉球政府が毎年度の食糧米輸入量の上限を設定し，その範囲内に限り指定業者は外米を輸入して，それを卸売業者へ販売した．琉球政府行政主席は，その際の卸売価格の上限と，小売業者が消費者に販売する小売価格の上限を定めた．また，稲作振興法下で島産米の価格補助を行う際の財源とするため，輸入米に対して銘柄によらない従量制の課徴金を課した．輸入量の上限，卸売・小売価格の上限及び課徴金額，さらに琉球政府が非常時に備えて保有するべき備蓄米の数量については，毎年 6 月ごろに米穀審議会に諮り，その答申をもとに琉球政府行政主席が定めた．

　さらに，稲作振興特別会計法により，課徴金，一般会計からの繰入，課徴金の運用収入及び雑収入を歳入とし，島産米価格補償費，備蓄米補償費及び事務費を歳出とする特別会計（稲作振興特別会計）が設置された．ただし，後述するように，結果的には琉球政府による財政支出は一度も行われなかっ

た[14]．島産米買上事業の財源を課徴金のみで賄うことは，島産米価格補償費の額をめぐって生産者と消費者が衝突する可能性を内包していた．島産米の買入価格を引き上げるためには，課徴金額を上げる必要があるが，課徴金の賦課率を上げることは，輸入米の消費者価格の上昇につながる可能性があった．

このように，輸入米と島産米で異なる米価決定経路を持った一方で，輸入米への課徴金を財源として島産米価格補助を行っていたために，琉球政府が両者の調整を担う必要があった．実際には，両者のバランスを踏まえた上で米価及び課徴金についての参考案を琉球政府が作成し，それをもとに各審議会で審議された．さらに，審議会の答申が琉球政府参考案と異なった場合には，どちらを採るかを琉球政府行政主席が最終的に決定した．この二段階で両者の調整が図られた．

1.3 審議会委員の構成

稲作振興審議会及び米穀審議会の委員は，立法院の同意を得て琉球政府行政主席が任命をすることで選出された．1960年代後半における審議会委員の構成を，表4-1及び表4-2で示した．

米穀審議会委員の構成は，消費者を代表する者4名，指定業者を代表する者3名，市町村を代表する者4名，学識経験のある者4名であった．このうち，消費者代表の利害関心は，米価の引上げを拒むことであった．これに対して指定業者代表は，課徴金の引下げまたは消費者米価の引上げによって利益を得ることができた．市町村代表については，どのような目的でこのような区分を琉球政府が設定したのか不明であるが，そのうち島内稲作地域から選出された者は，島産米買上補助額を規定する課徴金を引き上げるモチベーションを持っていた可能性がある．とはいえ，こうした委員は，羽地村及び竹富町の2名（1966～1967年度），石川市及び石垣市の2名（1968～1969年）にとどまり，発言の影響力は限定的であったと思われる．さらに，消費者価格や課徴金の額をめぐる委員の間の利害を調整する役割を期待されていたの

---

14) 沖縄県総務部財政課編『琉球政府財政関係資料』上巻，沖縄県総務部財政課，1994年，500-502頁．

第4章 島産米保護への回帰：1965～1969年

表4-1 審議会委員（1966～1967年度）

米穀審議会			稲作振興審議会			兼任
区分	氏名	所属	区分	氏名	所属	
消費者代表	松川久仁男	琉球商工会議所事務局長	生産者代表	喜納豊永	河知農協長	
	翁長君代	琉球大学教授		大城保行	恩納農協長	
	仲宗根郁子	婦人連合会副会長		伊波幸二	石川農協長	
	浜端春栄	沖縄港湾労働組合委員長		古見石人	竹富農協長	
指定業者代表	山城正樹	沖縄食糧株式会社社長	消費者代表	松川久仁男	琉球商工会議所事務局長	○
	仲村謙信	第一食糧株式会社社長		竹野光子	沖縄婦人連合会会長	
	翁長自敬	琉球食糧株式会社社長	販売業者代表	山城正樹	沖縄食糧株式会社社長	○
市町村代表	古堅宗徳	那覇市助役		翁長自敬	琉球食糧株式会社社長	○
	宮城源通	羽地村長		玉山憲栄	コザ市助役	
	森本玄俊	平良市議会議長	市町村代表	大城亀助	名護町長	
	白保生雄	竹富町長		浦本寛二	石垣市助役	
学識経験者	山内康司	沖縄銀行頭取		山内俊雄	与那原町長	
	山里将晃	琉球大学助教授	学識経験者	宮里清松	琉球大学教授	○
	宮里清松	琉球大学教授		源武雄	農林協会事務局長	
	稲泉薫	琉球銀行調査部長		崎間敏勝	大衆金庫総裁	

出所：「米穀審議会参考資料」（1966年度第1回）（琉球政府農林局『米穀審議会』1966年度、R00053520B、所収）、及び 「稲作振興審議会参考資料」（1966年度第1回）（琉球政府農林局『稲作振興審議会』1966年度、R00053519B、所収）より作成。

表4-2 審議会委員（1968～1969年度）

米穀審議会			稲作振興審議会			兼任
区分	氏名	所属	区分	氏名	所属	
消費者代表	慶佐次盛宏	那覇市経済民生部長	生産者代表	喜名豊永	羽地村河知農協長	
	川崎清	沖縄婦人連合会副会長		平良盛忠	仲里村農協長	
	当山方宏	沖縄県労働組合調査部長		石川修	石川農協長	
	安村勇祥	那覇飲食店組合理事		平良太郎	石垣農協長	
指定業者代表	仲村兼信	第一食糧株式会社社長	消費者代表	川崎清	沖縄婦人連合会副会長	○
	翁長自敬	琉球食糧株式会社社長		吉本政矩	沖縄官公庁労働組合中央執行委員	
	仲間朝吉	パシフィック・グレーンカンパニー社長	販売業者代表	仲村兼信	第一食糧株式会社社長	○
市町村代表	平川崇	石川市長		翁長自敬	琉球食糧株式会社社長	○
	富本裕盛	コザ市議会議長	市町村代表	当山幸徳	恩納村村長	
	佐藤富夫	平良市議会議長		岡村顕	金武村長	
	若山正良	石垣市第二助役		嶺井藤正	玉城村村長	
学識経験者	翁長君代	琉球大学教授		白保生雄	竹富町長	
	宮里清松	琉球大学教授	学識経験者	宮里清松	琉球大学教授	○
	仲田豊順	農業中央会会長		古堅文太郎	中金専務理事	○
	古堅文太郎	農林中金専務理事		仲田豊順	農業中央会会長	○

出所：「米穀審議会参考資料」及び「稲作振興審議会参考資料」各版より作成。

が，学識経験者らであったと考えられる．米穀審議会委員の構成からは，消費者米価については消費者と指定業者の間で利害関心が拮抗していたものの，課徴金の引上げに対しては消費者，指定業者ともに抑制的な方向の関心が強かった．

　稲作振興審議会委員は，生産者を代表する者4名，消費者を代表する者2名，販売業者を代表する者2名，市町村を代表する者4名，学識経験のある者3名で構成された．まず消費者代表は，島産米の小売価格の引上げに対する直接的な利害関心を持っていた．また，島産米の買入価格の引上げによって島産米価格補償費が増大すると，それを賄うために課徴金が増額され，ひいては外米の小売価格の上昇につながることを懸念していた．販売業者代表も同じく，島産米買入価格の引上げに対して消極的な立場にあった．生産者代表は，島産米生産量に占める琉球政府事業による買上量の比率が4割程度にとどまっていたことから，政府買上米の買入価格の引上げのモチベーションを持っていた．さらに，政府買上米の小売価格が引き上げられれば，自由販売される島産米の市場価格も上昇する可能性があることから，政府買上米の小売価格に対しても間接的な利害を有していた．市町村代表は，稲作地域である石垣市（1966〜1967年度），金武村及び竹富町（1968〜1969年度）選出の委員とそうでない委員との間で，利害関心が異なる状況にあったと思われる．

　両審議会において同時期に委員を兼任していた委員が4〜6名いたことは，2つの米価決定経路を架橋する存在として琉球政府に期待されていたと考えられる．学識経験者を除けば，兼任者は特に消費者代表と指定業者代表に偏っていた．島産米買上事業の財源を拡大するために課徴金を引き上げるという方向性と，島内米価が上がらないように課徴金を抑制するという方向性のうち，後者の方を琉球政府が重視していたことが示唆される．実際，後にみるように，こうした兼任委員を通して島産米価格補償費の拡大に対して抑制的な展開が生じた．

2. 琉球政府主導の米価決定構造

2.1 輸入米価格の上昇と輸入米小売価格の概観

前節で述べたように，当該期の食糧米政策において特徴的であったのが，米価が2本の経路で設定されたことであった．本節では，こうした構造が，実際に決定された米価にどのような影響を与えたのかを明らかにする．まず，本項では，外米の小売価格の推移について整理する．

当該期における輸入米小売価格の推移は，表4-3の通りであった．1966年と1968年に相次いで小売価格が引き上げられたが，その要因は，輸入米の中心であった加州米の価格上昇であった．ベトナム戦争の本格化に伴って世界情勢が不安定になっていったこと，さらにこれまで食糧米を輸出していた国が国内人口増大などによって輸入国へ転換したことが，その背景としてあった[15]．特にインドにおいて，アメリカからの食糧援助に依存した経済体制の下で同時期に深刻な食糧不足が発生したことで，加州米の需給が逼迫し，価格が上昇したと考えられる[16]．

加州米は，砕米の混入率によってナンバー1～5まで区分されており，それぞれ価格が異なる．時期や買い付けた指定業者によって，どの品質の加州米を輸入するのかも異なっていたため，外米買付価格の推移を全体的に把握するのは困難であるが，その一部を示すと，1トン当り価格は，白米買付で1963年175.00ドル（ナンバー1），174.00ドル（ナンバー2），146.22ドル（ナンバー5）（以上CIF価格），1966年179.00ドルまたは185.85ドル（ナンバー1），1967年172.00ドル（ナンバー1）（以上C&F価格），1968～1969年は玄米買付となり，202.59ドル（ナンバー2）（C&F価格）であった[17]．仕入価格が5年間で1トン当り30ドル近く上昇したことで，沖縄内の輸入米小売価格も引き上げざるを得なかった．

---

15) 『琉球新報』（1968年1月6日）．
16) 秋田茂「1960年代の米印経済関係――PL480と食糧援助問題」『社会経済史学』第81巻第3号，2015年．

表4-3 1トン当り輸入米小売価格上限及び課徴金額の推移

単位:ドル

期間	1963年4月～1965年12月	1966年1月～1966年6月	1966年7月～1967年6月	1967年7月～1968年2月
小売価格上限	200	220	220	220
課徴金	-	4.33	4.75	2.7

期間	1968年3月～1968年6月	1968年7月～1969年6月	1969年7月～1970年6月
小売価格上限	260（特選米）220（徳用米）	260（特選米）220（徳用米）	260（特選米）220（徳用米）
課徴金	4.95	4.95	4.95

出所:琉球政府「公報」各号より作成.

改めて表4-3をみれば，1965年12月及び1968年3月に輸入米小売価格が引き上げられた．特に1968年3月の改定時には，加州米及び豪州米を特選米，その他の輸入米を徳用米と区分して価格を定めた．後で確認するように，当該期の輸入米は加州米と豪州米で輸入量の大半を担っていたため，実質的な小売価格の引上げであった．また，課徴金は1965年12月まで全くとっていなかったが，1966年1月に再び設定されると，1967年7月～1968年2月を除いて，1トン当り4ドル台の水準で推移した．

2.2 輸入米価格と課徴金額の決定構造

本項では，輸入米小売価格と課徴金額の決定過程を，琉球政府参考案とそれをもとにした審議会での審議過程に着目して検討する．

米穀審議会は，基本的には毎年6月ごろ開催される定期的なものと，需給

---

17) 1963，1966年次の買付価格は，それぞれ以下の簿冊所収の各指定業者作成「外国産米穀入荷報告書」で記載されている申告値である．「入荷報告書」（琉球政府経済局『補給食糧に関する書類』1963年度，R00066444B，所収），琉球政府農林局『外国産米穀入荷報告書』1967年度（R00053553B）．1968～1969年次は，以下の簿冊所収の各指定業者作成「入荷報告書」及び「対外決済証明願」から算出した．琉球政府農林局『外国産米穀課徴金申告書 他』1968年度（R00053548B），1969年度（R00053523B），1970年度（R00053522B）．

表 4-4　米穀審議会開催日時と諮問事項

開催日時		諮問事項			
		輸入数量	米価	備蓄米数量	課徴金
第1回	1965年 9月22日	○			
第2回	1965年12月24日		○	○	○
第3回	1966年 6月29日	○	○	○	○
第4回	1967年 6月29日	○	○	○	○
第5回（臨時）	1968年 2月29日〜3月 4日		○		○
第6回	1968年 6月19日	○	○	○	○
第7回	1969年 6月28日	○	○	○	○

出所：前掲「米穀審議会議事録」各回により作成.

状況などの変化に応じて臨時的に開催されるものがあった．1960年代後半においては，表4-4で示すように計7回開催された[18]．先に述べたように，米穀審議会では，琉球政府農林局が政府案を提示し，それをもとに審議が行われた．輸入米の卸売・小売価格と課徴金については，1968年の第5回審議会を除いて政府案通り答申を得，決定された．第5回審議会では，政府案を修正した答申が出されたものの，行政主席は政府案を採用した．輸入米価格と課徴金の決定過程においては，琉球政府案が貫徹したといえる．まずは，米穀管理法の下で輸入米価格と課徴金額について初めて諮問された第2回米穀審議会を取り上げ，琉球政府案が審議会で承認されたケースにおける審議過程を明らかにする[19]．

　1965年12月に開催された第2回米穀審議会では，1966年度後半（同年1〜6月）における輸入米の卸売・小売価格の上限と，備蓄米数量，1トン当り課徴金の額が諮問された．これは，1966年度前半（1965年7〜12月）のそれらの価格や数量等は，米需法の下の米穀需給審議会で定められていたものを継続していたために，変則的に12月に開催されたものであった．審議会

---

18) 第1〜7回の通し番号は，便宜上筆者が付けたものである．
19) 以下の分析で利用する「米穀審議会議事録」及び「米穀審議会参考資料」各回を所収する簿冊は，次の通りである．第1〜3回（琉球政府農林局『米穀審議会』1966年度，R00053520B），第4回（同『稲作振興審議会　米穀審議会』1967年度，R00053518B），第5,6回（同『稲作振興審議会　米穀審議会』1968年度，R00053517B），第7回（同『稲作振興審議会　米穀審議会』1969年度，R00053516B）．

では，1トン当り小売価格を200ドルから220ドルに引き上げ，課徴金額を1トン当り4.33ドルとする琉球政府案が提示された．これに対して，指定業者代表は，小売価格を1トン当り220ドルに引き上げたとしても採算が取れないと批判した上で，島産米の小売価格を引き上げて課徴金額を削減することや，一般会計から支出するべきことを主張した．一般会計からの支出については，消費者代表委員も賛同した[20]．後述するように，先だって1965年8月に第1回稲作振興審議会が開催され，島産米小売価格を1トン当り200ドルに据え置く一方で，買入価格を従来よりも1トン当り10ドル以上引き上げることを答申し，それが認められていた．買入価格と小売価格との差が開けばその分だけ買上経費が増えることから，小売価格を引き上げることで必要な課徴金額を削減しようとするものであった．しかし，こうした主張に対して，学識経験者代表からは次のような意見が出された．

「……島産米の価格差補助は別の法できまっている訳ですネ．備蓄米も今きまった訳ですネ．そうしますと，事務所費と残りは予備費だけだと思いますが，何かあるんですか．何をこちらで討議するですか．」［原文ママ][21]

島産米価格補償費については稲作振興審議会での決定事項であることから，米穀審議会での課徴金の決定権は実際上ほとんどないというこの主張は，米価の決定経路が2つあることからくる矛盾を端的に示している．制度上，課徴金は米穀審議会での審議事項であったが，後述するように，一般会計からの財政支出が事実上不可能である状況下では，課徴金は島産米価格補助によって規定されるという性格を持った．そのため，実際には米穀審議会は承認の可否を審議するにとどまった．こうした構造下では，課徴金について米穀審議会が介入する余地はなく，琉球政府案がそのまま認められるに至った．

小売価格の引上げについては，琉球政府は，外米買付価格が上昇したことと，諸物価の高騰による指定業者経営費の増大によって，その必要性を説明した．その上で，家計支出に対する米の支出の占める割合が低く，1トン当

---

20) 以上は，前掲「米穀審議会議事録」第2回による．
21) 山里将晃の発言．同上資料による．

り220ドルでも十分に低い水準にあるゆえに，この価格引上げが許容されるとした[22]．指定業者代表は，同237ドルが経営を維持できる最低限の水準としてさらなる引上げを求めたが，政府案による引上げ水準でさえも消費者代表や市町村代表から反対の意見が出ていた状況下で，最終的には政府案通りの1トン当り220ドルで決定した．ここでは，外米買付価格の上昇を消費者米価引上げの主要因としつつも，家計における米支出割合の低さを以て，その正当性が主張されていたことに留意したい．それは，こうした米価引上げも低米価政策の範疇でのみ認められたことを意味する．

以上のような構造は，第3，4，6，7回審議会も同様であった．これらの審議会では，米価については各年度共に前年度と同様とする政府案が出されたために，引上げないし引下げを求める主張はなされなかった．他方，課徴金については，第5回も含めて，政府案がそのまま審議会で了承された．制度上は，課徴金の額を審議するのは米穀審議会とされていたが，実際には，課徴金を稲作振興審議会での専決事項として扱うことで，米穀審議会による介入ができないという構造が存続した．消費者代表や指定業者代表は，課徴金の引下げを直接求めることはできず，島産米の価格補償費の一部を一般会計からの財政支出によって賄うことを求めたが，財政上の理由等を上げ，琉球政府はこの要求を認めなかった．

こうした状況下で実現された課徴金がいかなる性格を持っていたのかを確認するために，琉球政府農林局によるその算出過程を見る．制度上は，課徴金は米穀審議会で審議するものとされていたので，琉球政府は，課徴金の算出根拠を示す必要があった．第2回を例に挙げると，「米穀審議会参考資料」（1965年12月24日）で与えられたその算出方法は，以下に示す表4-5，表4-6のようであった．

表4-5で示した島産米価格補償費を基準とした課徴金の算出方法では，島

---

[22] 池田光男（農林局農政課長）は，「政府としましては，消費者の立場を考慮しました場合，家計米価の点が先ほど申上げましたように，所得水準はかなりアップされているのに，それに対する米の支出の占める割合は，かなり低い．年々低くなっている．そう言う点から考えました場合，最低家計米価の負担能力である235ドルの範囲内で妥当な線として220ドルにおさえている次第であります．……」と説明している．同上資料による．

表4-5 島産米価格補償費基準の課徴金額算出

単位：ドル

歳出	島産米価格補償費	337,793
	備蓄米補償費	73,472
	事務費	2,946
	予備費	271,511
	計	685,722
前年度余剰金		426,013
過不足（A）		259,709
課徴金＝（A）÷60,000トン＝4.33		

出所：前掲「米穀審議会参考資料」1966年度第2回より作成．

表4-6 米価基準の課徴金額算出

単位：ドル

指定業者経費	CIF価格	181.47
	販売経費	24.22
	計	205.69
小売店経費		10.00
課徴金		4.33
計		220.02

出所：表4-5と同じ．

産米価格補償費を含めた歳出総額から前年度余剰金を差引いた不足分を，当該期の輸入数量6万トンで除すことで，1トン当りの課徴金額4.33ドルを導いている．歳出内の予備費については，島産米買上事業での買上指示が3,000トンであったのに対して，追加の買上の可能性として1,800トン分に当たる金額を計上したと記されている．歳出の多くを占める島産米価格補償費と予備費について，稲作振興審議会が審議するものとされていたことで，ここで算出される課徴金額について，米穀審議会で介入する余地はなかった．しかし，後で確認するように，買上事業での買上指示量の充足率は6～8割程度であり，稲作振興特別会計において予備費は多額の予算が毎年計上されたものの，実際には支出されることはなかった．ここでの歳出は，実際の支出額をかなり下回る額で見積もられていた．

表4-6は，琉球政府が輸入米小売価格上限の引上げを理由づけするために，買付価格から積み上げた米価水準を示した資料である．表中，CIF価格や販

売経費については琉球政府が指定業者に対して査定した金額であり，信頼性を持つと考えられるが，小売店経費については，米穀販売店が免許制ではなく申請制であったこともあり，琉球政府はその実態を把握しておらず，推定値にとどまるものだとしている．したがって，この算出法によって担保される課徴金の妥当性については一定程度の留保が必要にせよ，島産米価格補償費を基準とした前掲表4-5による算出法よりは，創作的な要素が小さいと考えられる．

以上の検討からは，琉球政府案で示される課徴金の額について，島産米価格補償費との関連よりは，指定業者経費との関連が強いことが示唆される．実際は双方の審議会がすくみ合う中でこの政府案が実現していったことを踏まえると，課徴金額の決定過程で重視されていたものは，課徴金を課すことによって生じうる外米の小売価格の変動幅を最小限にとどめるという観点であったといえる．

2.3 輸入米小売価格の引上げ問題

前項で述べたように，米穀審議会では，琉球政府の諮問案と異なる答申を出すことはほとんどなかった．その唯一の例外が，1968年2月の米穀審議会であった．先述のように，米穀審議会には定期的に開催されるものと，臨時で開催されるものがあった．1965年に米穀管理法が制定されて以降，「復帰」までの期間において唯一臨時開催がなされたという点でも，1968年2月の米穀審議会は特徴的であった．その背景として，指定業者らが1960年代中盤からの国際米価の高騰に対応して再度輸入米価格を引き上げるよう，1967年末に要請をしていた．琉球政府農林局は，1966年に米価の引上げを行ったばかりであるとしてこれを断ったものの，しかし翌1968年に入っても国際米価の上昇が止まらなかったところから，1968年2月29日から審議会を開催することとなった．

審議会では，琉球政府農林局がまず，輸入米のうち加州米及び豪州米を特選米，その他を徳用米と分け，前者の小売価格の上限を1トン当り260ドル，後者を同220ドルとする政府案を提案した[23]．国際米価の上昇に応じた島産米価の引上げは避けられないとするものの，一部の輸入米の消費者価格を据

え置くことで消費者に選択の自由を提供し，それによって低所得者層の保護を図ると主張した．これに対して消費者代表は，指定業者の経費の節減及び課徴金の撤廃により米価値上げを防げると反論した．さらに，日本（本土）の輸入米価と比べて沖縄内の指定業者が輸入する価格が高いことを指摘し，島内指定業者を1社に統合することで，一度の輸入量を増やし価格を抑えることができると見通しを述べた．また，低所得者層ほど家計費に比べて多額の課徴金を支払っていることになると主張した．一方で指定業者側は，現行制度で想定されている経費では，実際の支出を賄えず赤字になることを訴えた．学識経験者代表は，消費者代表とともに，国際米価に合わせて島産米価がスライドせざるを得ない点で現行制度は不安定性を抱えると述べた．消費者代表はさらに，琉球政府の財政支出によって現状の米価を支持することを意見した．消費者代表と指定業者代表が調整を行った結果，特選米の輸入価格に対応した小売価格として1トン当り260ドルが妥当であることを認めた上で，そのうち40ドルを一般会計から負担することで，現行の輸入米小売価格220ドルを維持することを答申した．

　一方，審議会の答申に対して，琉球政府農林局と企画局は，審議会の答申を採用しないことを主張し，その根拠として，沖縄住民の所得は上昇しており，今回の小売価格の引上げに十分対応可能であること，琉球政府財政は「危機的状況」にあり，一般会計からの繰入れは不可能であることを挙げた[24]．これらの主張を踏まえ，審議会答申のうち琉球政府の一般会計からの負担については行政主席がこれを認めず，当初の政府案が採用された[25]．

　こうした一連の過程で示した通り，米穀審議会答申で求めた琉球政府案からの引下げは果たされなかった．なお，ここで家計米価の検討を通して外米

---

23) 以下の記述は，前掲「米穀審議会議事録」第5回による．
24)「「外国産米穀の消費者価格の最高限」に関する米穀審議会の答申を採用しないことについての企画局と農林局との合意事項」（久手堅賢次・宮里松次作成）（1968年3月12日）（前掲『稲作振興審議会　米穀審議会』1968年度，所収）．久手堅賢次は当時の琉球政府企画局長，宮里松次は同農林局長である．
25)「主席談話メモ」（作成日・作成者不明，「4月2日／テレビ原稿」のメモから，1968年4月2日のテレビ放送で松岡主席が演説した際の原稿と考えられる．）（琉球政府農林局『米穀関係』1968年度，R00053722B，所収）では，企画局らの主張をそのまま用いて，消費者価格引上げの理由として述べている．

の小売価格の引上げの正当化が図られていたことからは，琉球政府は，家計に与える影響を最小限とする志向を持ちつつも，財政的な制約という限界の下で，外米買付価格の上昇局面においては島産米価の引上げを決断せざるを得なかったことを指摘できる．

以上の検討からは，米穀審議会は輸入米価格と課徴金の両方に対して，実際には決定権を持たなかったことが明らかになった．琉球政府案の輸入米価格と課徴金がそのまま決定されたのであり，特に課徴金額については，島産米の価格補助という点から内在的に算出されたというよりは，海外市場での外米買付価格と沖縄内の消費者価格とに規定されつつ調整された価格という性格を強く持っていた．

2.4 琉球政府主導による指定業者共同輸入体制の構築

本項では，1960年代後半における琉球政府食糧米政策の特徴として，指定業者共同輸入体制がとられたことについて，それが食糧米需給や外米の価格に対してどのような影響を与えたのかという点から考察する．まずは，この経緯について以下で述べる．

1963年の「自由化」後から米穀管理法の下において，外米の輸入制度，指定業者の自由競争が基本とされていた．しかしながら第3章で述べたように，「自由化」後の販売競争の激化を通して，指定業者の経営が著しく悪化した．そこで，指定業者らは1967年7月に「沖縄米穀協会」(第1次) を設立し，輸入・販売協定を結んだ[26]．協定による輸入枠のシェアは沖食32.0％，琉食21.3％，一食20.0％，パ社13.4％，全琉商事13.3％と定められ，年間8万トンの加州米買付け契約を共同で締結した．しかし，在庫米の取引価格や在庫量の報告をめぐる疑義から調整が難航し，「協定は破棄同然という事態にまで発展」したことから，同協会は，1966年6月に解散に至った[27]．

そこで，琉球政府は，各社の取扱量を一定程度管理することで経営を安定化することを目指し，1966年9月には，1967年度の輸入について，各指定業者に対する輸入量の割当を強制的に実施した．その背景には，沖縄の食糧

---

26) 会長は仲村兼信（一食社長）であった．沖縄食糧株式会社『沖縄食糧五十年史』沖縄食糧株式会社，2000年，139-141頁．

供給を指定業者らに委ねている以上，その経営が悪化した結果廃業になるようなことは許されないとする考えがあったと思われる．琉球政府が実施したシェアは，沖食 27.70％，琉食 21.99％，一食 20.56％，パ社 17.72％，全琉商事 12.01％であった[28]．こうした琉球政府の方針に加えて，食糧米買付け資金や運転資金を融資している金融機関からも協調するよう助言を受けたこともあり，指定業者らは 1966 年 12 月に「沖縄米穀協会」（第 2 次，以下，沖縄米穀協会とのみ表記）を発足させた[29]．沖縄米穀協会による 5 社間の販売シェアは，沖食 29.33％，琉食 21.33％，一食 20.00％，パ社 17.34％，全琉商事 12.00％であり，琉球政府の割り当てに近いシェア割りであった．1967 年以降，沖縄米穀協会を通した指定業者らの共同仕入れ・価格協定が実施され，沖縄米穀協会が買付・輸入した食糧米を，各指定業者に配分することになった．

以上で述べた状況の下で食糧米輸入がどのように行われたのかを，表 4-7 で示した．同表からは，1968 年 3 月～1969 年 8 月にかけて，沖縄米穀協会の指定したシェアが順守されていたことを確認できる．特に加州米の輸入に際しては，ほとんどの輸入回で協会規程のシェアが厳格に適用されていた．また，価格をみれば，1968 年 4 月から約 1 年半の間，買付価格が不変であった．これは，長期的な買付契約が結ばれていたことを示唆する．

こうした共同輸入は，結果として安定的かつ需給調和的な食糧米の輸入を

---

27) 同上．ただし，加州米の共同購入・割当は，実現したものと考えられる．その論拠となるのが，不正競争防止法違反につき押収した加州米を鑑定し，どの指定業者のものか鑑定するよう那覇警察署から琉球政府農林局に依頼があった件に関連して，農林局農政課米穀係長新本当福が，「加州米については 1965 年 12 月 10 日入荷の米穀からは，沖縄米穀協会が一括輸入し，指定業者 5 社（沖食，琉食，一食，パ社，全琉商事）に対し協会が定めたシェアーにより配分」［原文ママ］しているため指定業者を特定できない旨の返信案を，1966 年 5 月に作成していることである．少なくとも解散直前の 5 月までは，同協会が仕入れた加州米の分配シェアは保たれていたことが示唆される．「不正競争防止法違反事件について」（新本当福作成）（1966 年 5 月 6 日起案，決裁印なし）（琉球政府農林局『米穀関係』1967 年度（R00053726B），所収）．

28) 新本当福「外国産米穀の輸入割当について」（1966 年 9 月 16 日起案，1966 年 9 月 21 日決裁（農政第 518 号））（前掲『米穀関係』1967 年度，所収）．なお，本文に掲げたシェアは筆者の算出値である．同資料では各社の輸入枠を，沖食 24,952 トン，琉食 19,791 トン，一食 18,508 トン，パ社 15,944 トン，全琉商事 10,805 トンに定めていた．

29) 前掲『沖縄食糧五十年史』141-143 頁．

実現することになった．

表 4-7　加州米及び豪州米の指定業者別シェア

単位：ドル，トン，%

年	月	船名	銘柄	1トン当り価格	輸入量	指定業者シェア					
						沖食	琉食	一食	パ社	全琉商事
1967	11	SANERNEST	豪州白米	167.36	5,285.99	28.18	20.48	22.28	17.53	11.53
1968	1	ANNA C	加州玄米	172.41	3,275.43	62.85	0.00	0.00	37.15	0.00
			加州白米	172.00	3,629.00	0.00	39.99	37.50	0.00	22.50
	3	ANNA C	加州玄米	195.49	8,952.16	**29.33**	**21.33**	**20.00**	**17.34**	**12.00**
	4	MARGO	加州玄米	202.59	4,298.26	**29.33**	**21.33**	**20.00**	**17.34**	**12.00**
	5	ANNA C	加州玄米	202.59	7,220.82	**29.33**	**21.33**	**20.00**	**17.34**	**12.00**
	6	HAR CARMEL	加州玄米	202.59	8,726.02	**29.33**	**21.33**	**20.00**	**17.34**	**12.00**
	8	DAGFRED	加州玄米	202.59	8,795.49	**29.33**	**21.33**	**20.00**	**17.34**	**12.00**
	9	UME MARU	豪州白米	195.01	8,990.77	29.01	21.09	20.47	17.15	12.28
	10	ZARATHUSTRA	加州玄米	202.59	9,554.49	**29.33**	**21.33**	**20.00**	**17.34**	**12.00**
	11	MEIAN MARU	豪州白米	195.01	9,030.28	29.68	21.20	19.89	17.31	11.93
1969	1	HAI YUNG	加州玄米	202.59	8,424.23	**29.33**	**21.33**	**20.00**	**17.34**	**12.00**
	3	KHIAN ENGINEEA	加州玄米	202.59	9,631.16	**29.33**	**21.33**	**20.00**	**17.34**	**12.00**
	5	DAGFRED	加州玄米	202.59	9,385.45	**29.33**	**21.33**	**20.00**	**17.34**	**12.00**
	7	DAGFRED	加州玄米	202.59	9,351.68	**29.33**	**21.33**	**20.00**	**17.34**	**12.00**
	8	FERNCAPE	加州玄米	202.59	8,694.07	**29.33**	**21.33**	**20.00**	**17.34**	**12.00**
		JOSEFINA	豪州白米	195.01	1,830.67	29.16	21.10	20.03	17.67	12.04
			豪州玄米	192.97	4,277.25	29.10	21.16	20.20	17.42	12.12
	10	CARL TRAUTWEIN	加州玄米	202.59	5,329.88	0.00	40.00	37.50	0.00	22.50
	12	DOROS	豪州白米	195.01	1,822.66	29.31	21.34	19.99	17.35	12.02
			豪州玄米	192.97	4,258.72	29.34	21.32	20.00	17.35	11.99

注：沖縄米穀協会の割当シェアと同一のものを，太字で示した．
出所：各指定業者「課徴金申告書」及び同「対外決済証明願」（前掲『外国産米穀課徴金申告書　他』1967年度，1969年度，1970年度，所収）より作成．

3. 1960年代後半における島産米買入価格の引上げ

3.1 稲作振興法下の島産米買上事業と買入価格の推移

本節では，前節で述べたような輸入米をめぐる情勢の中で，稲作振興審議会によって島産米買入価格が引き上げられていった過程を明らかにする．

琉球政府による島産米買上事業制度について整理すると，まず琉球政府農林局は毎年度，島産米の生産高を予想しその買上計画を立てる．同計画の下で，各農協に買上指示数量が通達される．各農協は，その数量の範囲内で産米を籾の状態で買い上げそれを精米し，食糧米小売店へ卸売りまたは購買部を通して直接消費者に販売する．買入価格，卸売価格及び小売価格は琉球政府によって基準価格が指定されていた．1966年度の例をとると，買入基準価格（以下，島産米買入価格，他も同様）は1トン当り270ドルであり，農協はその上下10ドルの幅の間で産米を買い上げることができた．同様に小売についても，200ドルを基準として，上下10ドルの幅の間で販売することができた．この際の価格差は，琉球政府が補償した．ただし，1トン当り補償額の上限が定められており，それは買入基準価格と小売基準価格の差を基礎として定められたものであった．すなわち，買入価格の上限で買い上げ，小売価格の下限で販売した際には，売買を基準価格に準じて行った場合に比べて，農協は20ドル多く負担することになる．逆に，買入価格の下限で買い上げ，小売価格の上限で販売した際には，農協への補助額が20ドル減少することになる．したがって農協としては，小売価格を輸入米と同水準に想定し，買入価格は農協に損失の発生しない上限である基準価格とすることが，通常であったと考えられる．

稲作振興法下における島産米買入予定量，買入価格，買入量，及び小売価格の基準価格の推移を，表4-8で示す．まず買上数量について確認すると，その上限である買入予定量は，年1万トン程度の島産米生産量の全部を買い上げることができる水準ではなかった．これは財政的な制約によるものであり，大きく引き上げることは困難であったものの，1969年度には1966年度

表 4 − 8　島産米買入価格及び数量

単位：1トン当りドル，トン，%

年度	買入価格	小売価格	予定量	買入量	充足率
1966	270	200	3,000	2,435	81.2
1967	270	220	4,000	2,528	63.2
1968	290	220	4,000	3,116	82.0
1969	320	260	4,500	3,759	83.5
1970	340	260	4,500	3,050	67.8

出所：琉球政府「公報」各号及び同『琉球統計年鑑』1965〜1967年，同『沖縄統計年鑑』1968〜1970年より作成．

の1.5倍まで引き上げられている．買入予定量と買入量に差があるのは，島産米買上事業の実施主体が農協であったことによる．琉球政府は買入予定量を各農協に配分し，農協はその範囲内で買上げを行った．一部の農協は割当量全量の買上げを実現したが，農協は集荷主体であると同時に小売業者への卸売や，一部で購買部を通しての小売も行う販売主体でもあった．集荷米の質を選別する性格を持っていたことから，割当量を完全に消化することには困難が伴った．

　買入価格については，次項で確認する．消費者価格については，輸入米消費者価格と同期して引き上げられたことは重要である．島産米の品質は，輸入米と同水準または劣ると評価されていたため，琉球政府買上事業による島産米小売価格は，輸入米の価格を基礎にして設定されていた．

3.2　稲作振興審議会における琉球政府案の受容構造

　稲作振興審議会は，毎年5月ごろ召集されることになっており，1960年代後半においては，計5回開催された．米穀審議会の場合とは異なり，稲作振興審議会では政府案に対して変更がなされ，その答申案が琉球政府に受容されることが生じた．表4-9で示した通り，第1〜3回では政府案と答申が一致していたものが，第4〜5回の答申では政府案より島産米買入価格が上積みされた．第1回は，稲作振興法が1965年7月に成立した直後でかつ既に島産米の買上げが始まっている中での開催であったので，事例として取り上げるにふさわしくない可能性がある．そこで以下では，第2回審議会の事例を中心に用いて，琉球政府案がどのように承認されていくのかを明らかに

表4-9 稲作振興審議会買入価格政府案及び答申

単位：ドル

開催日時		1トン当り買入価格		
		政府案	答申	答申採用
第1回	1965年8月25日	270	270	○
第2回	1966年4月29日	270	270	○
第3回	1967年3月24日	290	290	○
第4回	1968年4月23～24日	310	320	○
第5回	1969年5月29日	320	340	○

出所：前掲「米穀審議会議事録」各回及び琉球政府「公報」各号より作成．

する．

　1966年4月に開催された第2回稲作振興審議会では，島産米買入価格を前年と同じく1トン当り270ドルとする政府案が提示された[30]．生産者代表は買入価格の引上げを求めたが，消費者代表と指定業者代表は政府案を支持した．後二者の主張は，買入価格の引上げが課徴金及び輸入米価格の引上げにつながるとの把握に基づくものであった．農林局農政課長は次のように述べ，生産者代表の主張を牽制した．

　「先ほどから申し上げますように，値上げしますと課徴金の額をふやす方法しかない，これは当然消費者米価を引き上げることになります．しかし消費者米価は去った12月24日に上げたばっかりでございますので，政府としては，課徴金によって値上げすることはさけるべきであると考えます．又一般会計からの繰り入れも見込みがありません．」［原文ママ］[31]

　この意見は，稲作振興審議会で決定した島産米買入価格の水準，すなわち島産米価格補償費の水準に課徴金額が規定されてしまうことによって，制度上は米穀審議会の審議事項であった課徴金の水準を，米穀審議会が他律的に受容しなければならなかったことを示唆する．同様の趣旨で，稲作振興審議会の会長を務めた学識経験者代表の宮里清松は，課徴金や輸入米価格につい

---

30) 以下の記述は，「稲作振興審議会議事録」第2回（琉球政府農林局『稲作振興審議会』1966年度，R00053519B，所収）による．
31) 池田光男（琉球政府農政課長）の発言．同上資料．

ては米穀審議会で決定するべきで，稲作振興審議会では生産費との関連で買入価格を検討すべきだと主張した．しかし，外米買付価格の上昇局面にあった指定業者代表や，前年12月末から輸入米価格の引上げに直面した消費者代表は，課徴金や米価の引上げを回避するという利害関心から，生産者代表の主張には強く反対した．制度上，稲作振興審議会では，財源の制約から自由に島産米買入価格を設定できることになっていたが，実際には，島産米価格補償費の上限が，米穀審議会で定める課徴金の額によって拘束されたことで，稲作振興審議会における島産米買入価格の設定も，課徴金の制約を受けることになった．

こうした構造は，第3回（1967年3月）の稲作振興審議会においても継承された．同審議会では，本節第4項で確認するような，稲作振興特別会計における余剰金の増大を背景として，前年比20ドル高い1トン当り290ドルの買入価格が政府案として提出された[32]．それに加えてさらなる引上げを主張する生産者代表に対して，琉球政府農林局農政課米穀係長が次のように述べている．

「課徴金は6月に行われる外米のときに審議することにしておりますが，我々の考えでは課徴金は現行より上がることはないと見ております．」[33]

この発言では，課徴金が米穀審議会で審議される事項であることを述べ，その範囲内で島産米価格補助を行うことを求めている．課徴金による歳入の予算が，島産米価格補償費の歳出の予算に対して外在的に存立する財政的枠組みとして示された点で，稲作振興審議会における島産米価格補償費の審議についての制約は強化された．さらに，課徴金の残高に余裕があるなら，1トン当りの課徴金額を増大することなく買入価格の上積みが可能だと主張する生産者代表に対して，翁長自敬・指定業者代表は，「……立場をかへると，課徴金に余裕があれば今度は米穀審議会で課徴金を下げろと云いますよ」と

---

32) 以下の記述は，「稲作振興審議会議事録」第3回（前掲『稲作振興審議会　米穀審議会』1967年度，所収）による．
33) 新本当福（琉球政府農政課米穀係長）の発言．同上資料．

して牽制した[34]．米穀審議会委員を兼任する翁長にとって，米穀審議会で課徴金額について審議することは現実的には困難であることは，十分承知していたと考えられる．それでもなおこうした発言があったことで，生産者代表は買入価格の積み上げを断念し，琉球政府案が稲作振興審議会でそのまま認められることになった．兼任委員が存在し，その所属が消費者代表及び指定業者代表に偏っていたことは，稲作振興審議会では島産米価格補償費を抑制する効果として表出した．

3.3 稲作振興審議会における買入価格の上積み

先述したように，第4～5回稲作振興審議会では，琉球政府案を上回る水準での島産米買入価格の答申がなされた．このうち，第4回（1968年4月）については，同年3月に輸入米価格が引き上げられたことに伴い，島産米の売渡価格も引き上げることができたことによるものであった．小売価格の引上げ分を買入価格の引上げ分に充てることで，課徴金に影響を与えることなく政府案以上に買入価格を引き上げることができた．そこで以下では，第5回（1969年5月）を事例として，財政的制約があったにもかかわらず買入価格を政府案以上に積み上げることができた要因を検討する．

1969年度の稲作振興審議会は，琉球政府案では1トン当り320ドルであった島産米買上価格を，同340ドルに引き上げるよう答申した[35]．まずはその経過を以下で確認する[36]．琉球政府案における島産米買入価格について，琉球政府農林局長は「米は本土にまかせろ，本土でも余っているのだ」という日本政府「農林省の考え」を持ち出し，「それ以上の増産はしないほうが良い」として前年度の買入価格と同じ1トン当り320ドルを主張した[37]．生

---

34) 同上資料による．
35) 「稲作振興審議会議事録」第5回（前掲『稲作振興審議会　米穀審議会』1969年度，所収）．
36) 同上資料による．
37) なお，日本からの本土米供与については，1968年に協議が始まっており，1969年1月時点では，同年11月から供与が開始される予定であった．しかし供与数量をめぐって初年から沖縄とアメリカの間で調整がつかず，結局は1970年4月からの本格的開始となった．詳しくは，次章で論じる．

産者代表は，農協中央会が陳情した島産米 1 トン当り生産費 388.16 ドルまで買入価格を引き上げることを求める一方，その財源については「課徴金内でやると消費者価格に影響するので一般財政でやってもらいたい」とした．両者の生産費の違いを生じさせたのは，自家労賃の評価の違いであった．すなわち，生産者代表が求めていたのは，従来の生産費補償的な島産米価格支持政策の性格を，所得補償的なものへと転換することであった．これに対して農林局長は，「予算措置していない」ため財政支出はできないと答えたことで，生産者側は目標額を引き下げて 350 ドルとした．農林局長は，320 ドルが「政府のぎりぎりで上げることができる線」として反対した．消費者・指定業者代表も，課徴金を引き上げない範囲内でのみ買入価格の引上げを認めるとの立場に立ったが，最終的には生産者代表を加えた三者での調整の結果，審議会の結論として 340 ドルを答申した．

この答申案での買入価格に対して，農林局は価格設定に理論的根拠がないこと，及び「これを採用することは，法に定められる再生産を確保する算定方式から所得補償方式に移行することになり，今後の価格算定による補助金の増額は課徴金の増を余儀なくされ，そのしわよせは消費者の負担になる．これを防止するためには政府財政による支出も考慮されなければならない」とする懸念を主張し，1970 年度に限れば予算超過額は予備費を流用することで対応可能だとする意見を付けた上で，買入価格を政府原案通りの 1 トン当り 320 ドルとする資料を作成した[38]．それをもとに 1969 年 6 月 20 日には主席，副主席，総務局長及び農林局長が調整した際に，審議会答申通りの 340 ドルに修正決定された[39]．しかしその後，企画局予算部予算課及び同企画部農水部門から異議が出されたことで，6 月 28 日には再び元の政府案へ

---

38) 「1970 年度島産米穀の買入数量，買入基準価格及び売渡価格の決定について」（新本当福作成）（1969 年 6 月 6 日）（前掲『稲作振興審議会　米穀審議会』1969 年度，所収）．

39) 「1970 年度島産米穀の買入数量，買入基準価格及び売渡価格の決定について」（(新本当福作成)（1969 年 6 月 21 日起案，決裁はされず「廃案」と朱書き）前掲『稲作振興審議会　米穀審議会』1969 年度，所収))では，以下の通り記されている．「……1969 年 6 月 20 日主席，副主席，総務局長，農林局長，調整のうえ，主席のご裁断により審議会答申を尊重するとして原案 320 ドルを修正し 340 ドルで決定されました．……」

と切り替えた[40]．企画局は，政府財政を管理する部局（予算部）と，経済調査を実施し経済計画を策定する部局（企画部）を持つ．予算部からの異議は，1970年度稲作振興特別会計が既に買入価格を320ドルとして算定承認されているためという，予算技術上の問題であった．企画部からの異議は，米価が上昇することへの懸念であった．後者は，「本土での米価決定については変遷はあるが，物財費部分を補償するとともに，家族労働報酬については，製造工業賃金で評価して所得の均衡をはかるという考え方もある．」として，農林局が目指した日本（本土）のような所得補償方式への転換について一定の理解を示したものの，財政上の問題として，「島産米については消費者負担による課徴金によって特別会計の範囲内において買入基準価格を決定している」ため，340ドルで買入れを行うと「1971年度以降課徴金の引上げによる収入増を図らねばならなくなり，ひいては消費者価格の引上げにも影響してくる．」として，課徴金の試算7.56ドルを示した[41]．しかしながら，農林局は企画局の意見に対して反発し，稲作振興審議会の答申を採用するよう主張した[42]．最終的には，1970年度島産米買入価格の告示期限である1969年6月30日に琉球政府副主席がそれに介入し，審議会が答申した1トン当り買入価格340ドルを採用することで決着した[43]．

---

40)　「1970年度島産米穀の買入数量，買入基準価格及び売渡価格の決定について」（企画局予算部予算課，1969年6月24日），同（企画部農水部門，1969年6月27日）（以上，前掲『稲作振興審議会　米穀審議会』1969年度，所収）．

41)　前掲「1970年度島産米穀の買入数量，買入基準価格及び売渡価格の決定について」（企画部農水部門，1969年6月27日）．

42)　「1970年度島産米穀の買入数量，買入基準価格及び売渡価格の決定について」（企画部農水部門，1969年6月28日）（前掲『稲作振興審議会　米穀審議会』1969年度，所収）．同資料には，「農林局の取下請求による返戻」（原文ママ）との記述があり，農林局が稲作振興審議会の答申に沿って島産米買入価格を引き上げることを認めるよう，企画局に主張したことを示唆している．

43)　前掲「1970年度島産米穀の買入数量，買入基準価格及び売渡価格の決定について」（1969年6月6日）．同文書では320ドルで決定，決裁されたことになっているが，「至急公法登載」の朱書きと「公報号52号搭載済み　69年6月30日」のメモに対して，実際の「公報」で告知された価格は340ドルであったこと，その後に付された告示案では340ドルとなっていたこと，朱書きで「6／30　副主席と調整済」とメモがあることから，一度は320ドルで決定したものの直前で変更があり340ドルに修正されたと考えられる．

以上の経過からは，依然として低米価政策を志向する農林局及び企画局と，米価引上げの可能性を孕みつつも審議会答申を重視する行政主席らの対立の下で，政治的により上位に位置する後者の意向が実現し，買入価格が引き上げられたといえる．こうした背景に，1968 年 11 月に初の公選主席として当選した，屋良朝苗の意向を考えることはできる．「復帰」を掲げて当選した屋良にとって，日本への「復帰」を見据えた経済政策を考えるにあたり，所得補償方式への転換は，一種の理想にみえたことは想像に難くない．ただし，こうした状況を準備したものとして，稲作振興審議会内で，島産米買入価格の引上げに対して消費者や指定業者代表も同意したことについて留意する必要がある．課徴金を維持しつつ買入価格を引き上げることを可能にした条件を検討するため，次項では稲作振興特別会計を確認する．

3.4 稲作振興特別会計

稲作振興特別会計は，主な歳入を課徴金，歳出を島産米買上補助金とする特別会計であった．その推移を表 4-10 に示す．

特別会計の歳入は，予算ベースでは 80 万ドル前後で推移した．その大部分を占めたのは，前年度余剰金と課徴金収入であった．前年度余剰金については，稲作振興特別会計の前身である米穀需給特別会計から繰越金を引き継ぐことで，初年度である 1966 年度時点で多額の資金を有していた．課徴金が食糧米の輸入ごとに納付される一方，島産米の買上は，1 期作が 7 月～10 月，2 期作が 12 月～翌 2 月に集中する．こうしたプール金を確保することで歳入と歳出の時期的なギャップを乗り越えるという点で，余剰金を確保する必要があり，後に見るように，余剰金を一定程度保持するように歳出が構成された．毎年の歳出において，島産米買上補助金が予算額を大きく下回ったため，前年度余剰金の決算額は，予算額をその分上回り推移した．他方，課徴金収入を見ると，予算額と決算額のずれが大きかったことが確認できる．食糧米の輸入量を琉球政府が直接コントロールしたわけではなかったため，歳入額の予測は困難であったことが推測される[44]．その他の収入はほとんど無視できる程度であり[45]，一般会計からの受入れはされなかったことが確認できる．総じて，稲作振興特別会計の歳入においては，毎年の課徴金収入が

表 4-10　稲作振興特別会計の歳入・歳出額の推移

単位：ドル

年度		歳入					歳出				
		前年度余剰金	課徴金	雑収入	一般会計受入	合計	島産米買上補助金	備蓄米補償費	事務費	予備費	合計
1966	予算	398,391	296,185	1	1	694,578	353,815	66,240	2,946	271,577	694,578
	決算	426,013	184,454	1	0	610,468	233,827	0	2,405	0	236,232
1967	予算	271,577	552,500	1	1	824,079	453,429	66,240	4,410	300,000	824,079
	決算	374,236	410,049	2,354	0	786,639	224,606	125	4,301	0	229,032
1968	予算	337,941	427,500	1	1	765,443	469,530	67,914	4,391	223,608	765,443
	決算	557,607	297,415	17	0	855,039	331,273	202	2,658	0	334,134
1969	予算	462,927	396,000	1	1	858,929	470,335	93,719	6,016	288,859	858,929
	決算	520,906	345,690	0	0	866,595	394,913	0	3,838	0	398,751
1970	予算	360,143	396,000	1	1	756,146	534,267	93,572	7,712	120,595	756,146
	決算	467,844	411,586	0	0	879,430	399,775	0	5,572	0	405,346

注：1ドル未満は四捨五入のため，合計が合わない場合がある．
出所：琉球政府企画局『歳入歳出決算　歳入決算明細書　歳出決算報告書　一般会計特別会計』稲作振興特別会計の項，各年度より作成．

時期的に分散し，かつ収入額が予測困難であったという事情によって，歳入額の安定性という点で，余剰金が重要な役割を果たしていたといえる．

歳出に注目すると，その中心的な歳出項目である島産米買上補助金は，毎年予算よりも低く，1967年度に至ってはその半分以下であった．また備蓄米補償費は，予算が組まれているものの，極めて少額の支出にとどまった．さらに，島産米買上補助金と並んで支出予定額が多かったのは予備費だが，

---

44) 1969年以降このずれの幅が縮小したことは，指定業者間の輸入協定によって食糧米の輸入総量が安定したこととの関連が示唆される．この点については，本章第2節第4項を参照．

45) なお1967年度の雑収入で比較的大きな収入があったが，石垣農協の1966年度島産米穀上事業補助金の返還金及び返還加算金によるものであり，安定して計上される性質の歳入ではなかった．琉球政府農林局「歳入徴収額計算書附属証拠書」支出負担行為担当官の分，1967年3月（R00051737B）．

結局支出されることはなかった．予算立法技術上，予備費は，歳入額と歳出額を均衡させる名目的な支出項目であったと考えられる．こうした状況下で，歳出の決算額は予算額を大きく下回り，翌年度への余剰金が再生産された．

課徴金と島産米買上補助金を比較すると，予算，決算ベースともに1967年度を除いて後者が上回っていた．単年ベースで，課徴金収入額を上回る水準の島産米価格補助を計画・実行することができたのは，多額の余剰金が1年目から存在したことによる．この余剰金は，1966年度の約40万ドルから始まり，1967年度中に18万ドル以上増大し，それ以降縮小傾向にあったものの，1969年度の決算においてなお52万ドル以上を有していた．

前節で述べたように，1970年度買上分から，島産米買入価格が引き上げられた．同年度の予算では，島産米買上補助金が増大し，歳入との関連では，課徴金収入を大きく上回ることになった．他方，歳入規模は変わらなかったため，予備費が削減された．予備費を縮小することによって，島産米買上補助金の拡大を可能にした．しかしそれは，翌年度への余剰金をも同時に縮小させるという点で，稲作振興特別会計の歳入・歳出構造を不安定にさせるものであったといえる．

おわりに

本章の課題は，稲作振興法と米穀管理法の制定過程及び運用過程を明らかにすることであった．

二法の制定過程においては，前章でみた「自由化」方針を前提として，琉球政府は，米需法に代わり，より強度の高い島内稲作保護政策を構想していた．その結果，価格政策と生産力政策の両面を含む恒久的な島内稲作の保護政策として，稲作振興法が策定された．他方で，輸入米と島産米の流通や価格の管理については，米穀管理法が別に制定されたため，輸入米と島産米の価格について，別個の米価決定経路が形成されることになった．

制度上，課徴金は米穀審議会，島産米買上事業費は稲作振興審議会で審議されことになっていたが，実際には，ともに他方の審議会での実質的審議事項とされるという構造の下で審議が制限され，ほとんどの審議会で琉球政府の諮問案を受容・承認するにとどまった．基本的には，琉球政府案を通して，

双方の米価決定経路は実質的に調整されていた．こうした状況下で課徴金は，制度上は島産米買上事業費から内在的に算出されるはずであったが，実際には，国際米価と島産米価の水準を前提として，指定業者による負担可能性を踏まえて決定された．ただし，米価については，以下で述べるように，琉球政府案と審議会が対立することもあった．

　米穀審議会は，1968年の輸入米小売価格の引上げに反対し，財政支出による低米価の維持を求めた．この答申に対して琉球政府内からは，財政状況から不可能だとする意見が出された．行政主席はこれを受け，審議会答申を採用しなかった．

　1969年5月の稲作振興審議会では，所得補償的な島産米買入価格の実現を目指した生産者代表に対して，消費者代表・指定業者代表らが，課徴金を引き上げないという条件の下で，買入価格の引上げに同意した．同意が実現した背景には，稲作振興特別会計の余剰金を利用することで，単年度に限れば，課徴金を維持しつつ引上げを図ることができたことがあった．稲作振興審議会の答申に対して琉球政府内からは，将来的に課徴金の引上げが不可避になるとする意見が付されたものの，最終的には，行政主席が審議会答申を採用した．

　以上の検討を踏まえると，当該期においても，米需法期と同様に，課徴金を通して，外米の小売価格が島産米の買入価格を低水準に押しとどめるという構造と，その結果，島産米の買上が進まず，稲作振興特別会計の余剰金が拡大するという構造が，基本的に継承されていた．しかしながら，国際米価の上昇という外的要因と，住民によって選出された行政主席が米価の最終決定権を持っていたという内的要因によって，1969年には，島産米の買入価格が，行政主席の政治的な判断によって引き上げられることになった．こうした買入価格の引上げが次年度以降も継続するためには，課徴金の引上げが不可欠であった．次章でみるように，日本政府によって，課徴金額を織り込んだ政治価格によって本土米が供与されることで，翌年度以降，この課題への解決が図られていくことになった．

第5章 「復帰」を前提とした食糧米政策の再編：1970〜1972年

はじめに

　本章の第1の課題は，1970年に開始した日本政府の琉球政府に対する余剰米の供与計画（「本土米供与計画」）の策定過程を，琉米日の三者の政策課題に着目して明らかにすることである．その上で，第2の課題として，「本土米供与計画」の実施過程と，それが琉球政府の食糧米政策に与えた影響を検討する．

　1969年11月の佐藤・ニクソン会談で，沖縄が日本（本土）に「復帰」することが政治日程化し，1972年5月に「復帰」を果たした．本章が対象とする時期（1970〜1972年）における琉球政府の食糧米政策は，この「復帰」過程において，最終的には日本（本土）の食糧管理制度への接続を見通しながら再編された．

　まず，日本政府の経済的利害を整理すれば，日本（本土）における余剰米処理方式の方策の一つとして余剰米を沖縄へ供与することは，日本政府農政にとって重要な課題となった．さらに沖縄農業に対して，日本（本土）農業と競合しない分野に注力することを求めた．後述するように，本土米供与計画によって生じる産業融資資金の使途について日本政府が介入できる制度を策定することで，沖縄の農業政策を，日本（本土）農政の下で再編させる政治的圧力を発揮することができた．

　これまで確認したように，1963年以降沖縄における輸入米の仕入先の中心はアメリカであった．日本政府による本土米の沖縄への供与計画が現実味を帯びるにつれ，USCARは，加州米の重要な輸出先としての沖縄の食糧米

輸入市場を維持しようとするアメリカの政策課題を代弁することになった．本土米供与計画の構想が出される以前から，アメリカ政府農務省は，沖縄へのPL480による加州米の追加輸出を計画していた．日本政府による本土米供与計画を代替することを狙い，PL480計画を急速に具体化し，琉球政府へと提案した．

　他方，琉球政府は，「復帰」へ向けて経済政策を拡充する立場にあった．その際の琉球政府の課題は，「復帰」を控えて日本（本土）との所得格差に対する批判が提出されるようになったことに対応して，経済開発によって所得の向上を実現することであった．「復帰」がアメリカ軍基地関連雇用の縮小を将来的に伴うことが見通されており，農業部門の開発が重要な課題となった．特に，主要農作物であったサトウキビやパインアップルを原料とする加工部門として，糖業やパインアップル産業が重要視された．しかしながら，琉球政府の財政状況では，経済開発のための資金を捻出することは困難であった．日本政府の財政援助は拡大し続けたものの，十分な水準ではなかった．そこで，琉球政府は日本政府の余剰米供与を，売上資金を産業融資の財源に充てるPL480方式にすることで，こうした資金の不足を補うことを求めた．

　日本政府は，沖縄と日本（本土）との分業関係を固定化することを求めており，琉球政府が本土米売上資金によって融資する産業の選定について，日本政府による承認を必要とする制度が盛り込まれた．しかしながら，沖縄内の稲作農家は，「復帰」後には日本政府による食糧管理制度の下で島内稲作も日本（本土）の稲作と同様の水準で保護されることを期待しており，琉球政府は，これら二者の間で調整的な役割を担う必要があった．

　本章は，以下のような構成をとる．まず第1節で，本土米供与計画が策定される過程を，供与数量をめぐる琉米日の利害対立に着目して明らかにする．沖縄県公文書館が収集したアメリカ国立公文書館資料を中心に利用する[1]．第2節では，供与米の受け入れを中心に，「復帰」過程における琉球政府の食糧米政策の変質を検討する．「復帰」を見据えた日本（本土）と沖縄の分業関係の構築という日本政府農政の課題を，琉球政府農政が内面化する過程と，それに対する沖縄内の対応を，島産米買上価格をめぐる審議会での議論を通して析出する．

1. 本土米供与計画の策定過程

1.1 本土米供与計画と PL480 構想

まず，本土米供与計画について概観しておけば，日本政府・琉球政府間の本土米供与協定によって，琉球政府は 1970 年 4 月から本土米の受入れを開始した．日本政府が余剰米を琉球政府に売り渡し，その返済を低利の利息で長期とするものであった．同時に琉球政府は，供与米を指定業者に販売した代金によって，島内 1 次産業への資金融資を行った．輸入先に対して，自国の余剰農産物の買付資金を融資し，これを金融手段として産業開発を実現させるという点で，同計画はアメリカ政府の PL480 による供与方法と同様の手法をとった．このことは，日本政府の本土米供与計画構想に対抗して，アメリカ政府が PL480 による加州米の売渡しを琉球政府に提案する一つの根拠となった．本項では，1968 年後半～ 1969 年初めごろの時期を取り上げ，琉球政府に対して，日本政府の本土米供与計画とアメリカ政府の PL480 という 2 つの計画が構想される過程を明らかにする．

本土米供与計画の基礎となったのは，1968 年 10 月に西村直己農林大臣が来沖した際に出した，「西村構想」と呼ばれた声明であった[2]．USCAR の把

---

1) 本章で利用するアメリカ文書について，以下の略称をもって表記することを示しておく．『Rice』1968a：沖縄県公文書館資料名『Rice, 1968.』（資料コード 0000011761）：原資料はアメリカ国立公文書館（NARA）所蔵，Record Group 260: Records of the United States Occupation Headquarters, World War II, Records of the U.S. Civil Administration of the Ryukyu Islands (USCAR)（以下，所蔵館とレコードグループに特に記述のない限り同様），Box No. 97 of HCRI-EC, Folder No. 4. 『Rice』1968Message：『Rice, 1968. Messages.』（0000011761）：Box No. 97 of HCRI-EC, Folder No. 5. 『Rice』1968b：『Rice, 1968.』（0000011745）：Box No. 60 of HCRI-EC, Folder No. 6. 『Rice』1969a：『Rice, 1969.』（0000011762）：Box No. 100 of HCRI-EC, Folder No. 5. 『Rice』1969Message：『Rice, 1969. Messages.』（0000011762）：Box No. 100 of HCRI-EC, Folder No. 4. 『Rice』1969b：『Rice, 1969.』（0000011751）：Box No. 72 of HCRI-EC, Folder No. 4. なお，各資料について，作成者が判別する場合は記した．最も頻出した 3 名（リーブス，ビショップ，ホップ）のうち，ビショップの役職は不明であるが，リーブスは 1969 年 5 月ごろまで USCAR 経済局長を務めていた．その後，ホップが局長を代行し，遅くとも 1970 年 10 月には局長となった．

握によれば，松岡政保行政主席が日本政府援助の一環として，食糧米を長期分割支払いという条件で売り渡すことを要請しており，その要請に応えたものが「西村構想」であった[3]．「西村構想」は，年間9万トンの在庫米を琉球政府に売り渡し，その売上金を積み立て，第1次産業への融資の財源とするものであった．日本（本土）の余剰米を沖縄住民の主食として受け入れるというこの計画は，当初から沖縄内で全面的な批判を受けた．『琉球新報』は日本（本土）の余った米を売りつけるためのものだとして批判的に報道した．紙面では，「沖縄の農民を犠牲にするもの」，「古米なんて売れるはずがない」など様々な反発が紹介された[4]．琉球政府も，当時の琉球政府に対する日本政府の財政援助の一部が，本土米の供与を通して現物援助になり，結果的に財政援助が縮小することなどを懸念していた[5]．また，当時の外米の主な調達先であったアメリカやオーストラリアとの関係もあり，実現は難しいのではないかとみられていた[6]．松岡主席は，琉球政府内での検討を約束したものの，翌11月に行政主席選挙があり，選挙が終わるまで回答はできないとしていた[7]．また，日本政府内においても，農林省が単独で実施する権限はなく，日本（本土）より安価に売り渡すという点から大蔵省や，沖縄に対する援助を総括していた総理府との交渉が必要とされ，内容についても未確定な状態であった[8]．

---

2) 『琉球新報』（1968年10月20日）．
3) 「Sale of Japanese Rice on Okinawa」（リーブス（USCAR経済局長（Edward H. Reeves））作成）（1968年10月22日）（『Rice』1968a，所収）．同資料では，「local newspapers」の報道によると述べているが，誌名や発行日については不明であり，筆者も確認できていない．
4) 前掲『琉球新報』（1968年10月20日）．
5) 同上．
6) 同上．
7) 前掲「Sale of Japanese Rice on Okinawa」（1968年10月22日）．
8) こうした状況を反映してか，『琉球新報』では，1968年10月には本土米の「売渡し」と表現されたものが，同年12月～翌1969年4月4日まで「貸与」と称され，その翌日以降「供与」に定まった経緯があった．『琉球新報』（1968年10月20日，同年12月26日，1969年2月16日，同年4月4日，同年4月5日）．「売渡し」については，沖縄内米価水準を考慮した売渡し価格を定めるという点，「貸与」については，現物による返済が事実上困難であったという点において，適切な表現ではないと判断し，「供与」に改められたものと思われる．

こうした「西村構想」について，USCAR 内の経済局は，「観測気球」として声明が出されたものと受け止めていた．経済局は，日本政府から公式な提案がなされない限り姿勢を明確にしないことを，USCAR 高等弁務官に求めた．その後の見通しについては，実現の可能性が高いことを認めた上で，基本的には日本政府と琉球政府の間で調整されるべきだとする意見を提出した[9]．「西村構想」の初発段階においては，具体的な内容が固まっていなかったこともあり，USCAR は静観する立場をとっていた．

しかしながら，「西村構想」が出されて約 1 週間後には，沖縄へ売り渡す米は古米でないという農林省の方針が報道されたことによって，沖縄内でも好意的に評価されるようになった[10]．琉球政府も同構想の実現を強く求めた．琉球政府は年間 8 万～9.5 万トンの売渡しを要望していた[11]．それは当該期の沖縄の外米輸入量の全量に相当する水準であった．沖縄は加州米の主要な輸出先の一つであり，その食糧米市場を喪失することはアメリカに大きな影響を及ぼす．加州米に関する利害を持つアメリカ本国の勢力は，USCAR に対して，「西村構想」を拒絶するよう政治的圧力をかけるようになった．1968 年 11 月には，加州出身議員らが，ジョンソン大統領や国防総省の高級官僚に対して，USCAR の高等弁務官に「西村構想」に対するアメリカの強い懸念を表明させるよう要請した[12]．

こうした一連の「西村構想」に対する拒絶に加えて，同時に，新たに PL480 を結ぶことで，沖縄へ食糧米の輸出を増大させようとする思惑を，一部の団体が抱えていた．PL480 による加州米の輸出については，第 3 章でみたように，第 1 次計画（1963～1965 年）による実績があった．第 2 次計画（1966～1967 年），第 3 次計画（1968 年）では，アメリカ政府農務省が輸出用の食糧米を保有していなかったため，実現しなかったという経緯があった[13]．世界的な食糧米需給の逼迫状況が緩和したために，1969 年次の輸出計画を

---

9) 同上．
10) 『琉球新報』(1968 年 10 月 23 日)．
11) 『琉球新報』(1969 年 2 月 16 日)．
12) 「【ジョンソン大統領宛書簡】」(Robert L. Leggett 他 3 名の下院議員の連名) (1968 年 11 月 21 日)，及び「【アメリカ国防総省国防長官府職員 Clark Clifford 宛書簡】」(Robert L. Leggett 発) (1968 年 11 月 22 日)．いずれも『Rice』1968a，所収．

立てることができたと思われる．PL480 による輸出に対しては，沖縄内の指定業者である沖食からも実現を求める要請が，1968 年 8 月には提出されていた[14]．「西村構想」が出されるより前には，年間 1 万トン程度の加州米を，PL480 の下で沖縄へ輸出する計画が練られていた．こうした計画については，「西村構想」を契機として，加州米市場の保護という点から，その早期成立を求める要望が，加州米輸出商社からアメリカ政府農務省へ出された[15]．農務省は USCAR に照会し，USCAR はそれまで PL480 の沖縄側の契約主体であった琉球開発金融公社と調整を進めた．1968 年 12 月には，琉球開発金融公社は，1 年間 1 万トンの加州米を PL480 を通して購入することについて，沖縄内の指定業者ら 5 社の合意を取り付けたことを USCAR に報告していた[16]．

以上のように，アメリカ内で「西村構想」に対する反発が大きくなったことを受けて，USCAR も当初の傍観姿勢を改めることになった．1968 年 11 月には，USCAR 経済局が高等弁務官に対して，本土米供与による沖縄における加州米市場の喪失の懸念を琉球政府及び日本政府に非公式に伝え，同時に，「ハイレベル」な日米政府間交渉によって解決を図る意見を提出した[17]．さらに翌 12 月には外交チャンネルを通して，「西村構想」が GATT の慣習に原則的に違反すると日本政府に対して主張することが，USCAR 内で検討されていた[18]．

---

13)「SUMMARY SHEET: Rice Negotiations and PL 480 Programs」（ビショップ（Mr. Bishop）作成，1969 年 5 月 6 日，『Rice』1968b，所収）．ただし沖食の社史によると，輸入された銘柄はテキサス米であり，売れ行きが悪かったため，第 2 次計画以降，食糧米はリストから外されたと把握されている．沖縄食糧株式会社『沖縄食糧五十年史』沖縄食糧株式会社，2000 年，135-136 頁．

14)「Rice Bran Oil Extraction Plant」（沖食発，リーブス宛）（1968 年 8 月 27 日）（『Rice』1968b，所収）．なお，同資料におけるリーブスの役職は，琉球開発金融公社取締役会長であった．同職と USCAR 経済局長の地位との関連は，不明である．

15)「PIRMI MEMORANDUM」（C. M. Rocca 発，A. D. Blanckensee 宛）（1968 年 11 月 12 日）（『Rice』1968a，所収）．

16)「POSITION PAPER」（リーブス作成，高等弁務官室宛書簡の添付資料）（1968 年 12 月 11 日）（『Rice』1968a，所収）．

17) 同上．

18) 同上．

1968年末には，1969年中の「西村構想」の実現が困難であると，USCARやアメリカ政府農務省は考えていた．当時既に1969年次の加州米5万トンの輸入契約が締結直前であったことをUSCARは把握しており，それに加えて9万トンもの日本本土産米を沖縄に輸出することは現実的でないと考えていた[19]．そこで，USCARやアメリカ政府は，PL480の内容を拡充した上で，1969年中に琉球政府に承認を求める方針をとった．

 1968年の提案では，単年度の供与を目指していたが，アメリカ政府農務省による1969年5月における提案では，1970年及び1971年における2年間の供与へと期間が拡大された[20]．こうした提案は，USCARが沖縄内に設置した公社である琉球開発金融公社を通して琉球政府に伝えられたが，琉球政府が明確な受け入れを表明することはなかった．交渉を総括していたアメリカ政府農務省の官僚は，次のような報告書を提出している．

> 「琉球政府に代わってPL480を管轄する琉球開発金融公社は，適任と考えられる琉球政府農林局の官僚に，アメリカ政府農務省の［PL480の―引用者注］提案をしているが，彼らは何らかの合意を実現することを非常に渋っている．彼らが，アメリカ政府農務省の提案を受け入れるかどうかを決める前に日本政府との食糧米に関する合意を締結したいと思っているのは明らかである．」[21]

 琉球政府が，アメリカ政府からの援助ではなく日本政府からの援助を志向していたことは明らかであり，それに反してPL480の提案を継続したところで，実現の可能性は低いと考えていたと思われる．そこでアメリカ側の関心は，次項でみるように，本土米供与計画における供与数量を節減し，商業ベースによる加州米輸出市場の継続を図ることへと移行することになった．

---

19) 「PRIORITY ROUTINE: Japanese Rice Offer to Ryukyus.」(リーブス作成，在東京アメリカ大使館他宛)(1968年11月5日)(『Rice』1968Message，所収).
20) 前掲「SUMMARY SHEET: Rice Negotiations and PL 480 Programs」(1969年5月6日).
21) 「TALKING POINTS: Rice Negotiations and PL 480」(ビショップ作成)(1969年5月7日)(『Rice』1969a，所収).

1.2 供与数量をめぐる三者の対立と妥協

本項では，前項でみたことを背景として，琉米日の三者の関心が供与数量をめぐる問題へと移行し，その対立と妥協を経て供与数量が決定する過程を明らかにする．

まず，琉球政府の要請と日本政府内での供与数量等の決定過程を整理する．1968年10月末時点で，西村農相が示した売渡量は，8万トンであった[22]．琉球政府も，産業開発の財源を確保するため，8万トン以上の売渡しを要請していた[23]．

1969年2月に，4万トンという供与数量で日本政府内の意見が一致したことが報道された[24]．『琉球新報』はこの数量について，琉球政府とアメリカや指定業者との関係を考慮した上で4万トンに削減されたと報じた[25]．琉球政府は，本土米の供与を産業開発の財源として期待しており，これ以上供与量を削減することには反対であった．

他方で，供与数量が具体化される過程で，その他の条件についても一定の調整が図られた．供与数量以外に当時懸念されていた問題として，その一部が本土米供与によって代替されることで日本政府による財政援助が縮小すること，供与米の全部または一部が日本政府の抱える古米によって賄われること，輸入米を本土米で置き換えたことで既存の外米の仕入先との関係が喪失し，沖縄の食糧供給が不安定になることがあった．こうした懸念を踏まえて，琉球政府は日本政府と交渉し，供与米の売上金は日本政府援助とは別枠にすること，米の質は日本（本土）の都会で消費されているものと同じものとすること，この制度は恒久的なものとし，日本（本土）が米不足になっても責任を持って沖縄の需要量を確保することの3点で，日本政府との合意を取り付けた[26]．さらに1969年4月には，1年4万トンで3か年貸与し，その代金は3年据え置き期間を含む20年で現金返済することまで調整が進み，

---

22) 前掲『琉球新報』(1968年10月23日)．
23) 前掲『琉球新報』(1969年2月16日)．
24) 同上．
25) 『琉球新報』(1969年4月5日)．
26) 『琉球新報』(1969年4月4日)．

1969 年 11 月から援助が始まる計画であった[27]．

この 4 万トンの数量に対して，1969 年 3 月には USCAR 内で，余剰農産物の供与を通して通常貿易での輸入量を変容させることは，GATT 協定に違反するという意見が出てきた[28]．日本政府に対して，供与数量を少なくとも半分の 2 万トン以下に削減することを求め，同時に琉球政府に対して，供与量の削減によって生じる産業開発資金の不足を，新たに PL480 による輸入を実現することによって賄うことを主張する方針が決まった[29]．前項で述べた容喙経路に沿い，アメリカ政府は大使館を通して日本政府へ，次のような抗議を行った[30]．

「琉球政府にとってごく短期の経済的及び金融的利点がもたらされたとしても，我々が引き続きアメリカの金融支援を琉球に対して高い水準で実行することの承認を求めるときに，こうした行為が結果として双方の深刻な摩擦を引き起こし，アメリカ議会による制裁的な措置を生じさせたとするなら，不幸なことになるだろう．」

こうした説明は，同時期に生じていた，繊維製品の対アメリカ輸出を通じて引き起こされた貿易摩擦問題を念頭に置いていたと思われる．アメリカ議会による制裁的措置を対抗手段として示すことで，日本政府へ譲歩を迫った．しかしながら，日本政府との交渉は難航したほか，PL480 の受け入れをめぐって琉球政府の説得を目指すも，先述のように，琉球政府は日本政府による供与を優先させる立場をとったため，交渉は失敗に終わった[31]．

---

27) 1969 年 10 月分までは加州米及び豪州米の買付契約が済んでいたため，その完了を待っての本土米受入れが企図された．『琉球新報』（1969 年 4 月 4 日）．
28) 「TALKING POINTS: Rice for Ryukyus」（ビショップ作成）（1969 年 3 月 20 日）（『Rice』1969a，所収）．
29) 「FACT SHEET」（ビショップ作成）（1969 年 4 月 11 日）（『Rice』1969a，所収）．
30) 「TALKING POINTS: Sale of Surplus Japanese Rice to Ryukyus」（リーブス作成）（1969 年 4 月 18 日）（『Rice』1969a，所収）．
31) 「Visiting Rice Team」（James Hutchins（アメリカ政府農務省），加州米輸出商社代表 1 名，加州米農家組合代表 1 名の連名，USCAR 経済局宛）（1969 年 5 月 14 日）（『Rice』1969a，所収）．

琉球政府が，アメリカ政府の援助ではなく日本政府の援助を志向した背景として，当時の「復帰」運動の高まり，特に1968年11月に初の公選主席として選出された屋良朝苗が，日本への即時「復帰」を掲げていたことを挙げることは難しくない．アメリカ政府農務省も，こうした困難を把握し，PL480については譲歩の用意のある案件として扱うようになった．交渉の過程で日本政府は譲歩し，遅くとも8月には，供与量を4万トンから3万トンに削減することになった[32]．1969年6月の日米政府間で行われた交渉では，アメリカ政府は，日本政府による供与数量を2万トンに引き下げ，1万トン分をPL480による加州米の供与によって代替させるという方針から，商業ベースでの輸入量として7万5千トンを保証するのであればPL480の提案を取り下げるとする方針へ転換し，日本政府は3万トンを譲歩して提示していた[33]．実際，PL480の提案については，1969年8月に琉球政府が反対する公式回答を出した[34]後には，同様の提案を検討するような資料は管見の限り残されていない．供与量の削減と引き換えにPL480提案を取り下げるような妥協が成立していた可能性が示唆される．

　日本政府による供与量が3万トンに内定した後，USCARは沖縄における加州米輸出市場について，従来通りの商業ベースの輸出を維持するための方針について検討を継続していた．当時の食糧米輸入制度においては，前章で述べたように，外米をどこから調達するかは指定業者の裁量であり，琉球政

---

32) 「FACT SHEET: GOJ/GRI Rice Import」（Edgar E. Hoppe（ホップ）作成）（1969年8月14日）（『Rice』1969a, 所収）．3万トンに削除されることが決定した日時は不明であるが，供与数量が3万トンになったことを記述した資料の中では，同資料の日付が最も早い．同資料では，アメリカ政府の政治的圧力によって日本政府が譲歩したと記述している．日本政府側の資料については確認できないため，どのような理由で供与数量を削減したのかについては不明である．

33) 「Memorandum of Conversation: Japanese rice for Okinawa」（1969年6月20日）（『Rice』1969a, 所収）．参加者8名のうち，アメリカ側代表については一部所属が不明（略語で所属機関が表記されているため）であるが，日本側代表については，次の2名であった．吉野文六（駐米公使），木内昭胤（参事官）．同資料によれば，日本側の2名の代表が，政治的な理由で必要最低限のラインとして3万トンを明示し，この数量は琉球政府が求めていた供与数量の半分であるとして，アメリカ側に譲歩を迫った．

34) 「TALKING POINTS: GOJ/GRI Rice Import」（Mr. Saito（USCAR経済局）作成）（1969年8月26日）（『Rice』1969a, 所収）．

府は本来的に関与できなかった．これに対して USCAR は，琉球政府による輸入ライセンスの発行権を通して，外米の仕入先をコントロールすることを検討していた[35]．琉球政府の行政裁量によって，加州米の輸入に限って輸入ライセンスの発行を許可する方針をとることを要望していたと思われる．さらに，琉球政府農林局長の翁長に働きかけた結果，指定業者らにアメリカを訪問するよう「個人的なアドバイス」をさせていた[36]．基本的には，「自由化」の原則の下での指定業者の裁量に任せるものの，加州米の輸入量を維持するためには，その原則に反してでも加州米を輸入させることを検討していたといえる．

以上のような経過を経て 1970 年次の供与数量は 3 万トンで決定したが，日本の国会の解散等によって供与を実現するための法整備が遅れ，当初は 1969 年 11 月から供与を開始する見通しであったものが，最終的には，1970 年 4 月からの開始となった[37]．

翌 1971 年次の本土米供与をめぐっては，琉球政府は依然として，「本土並み」生活水準を達成するためには産業開発を進めたいが，長期低利資金の不足によって支障をきたすという問題を抱えていた[38]．そのため，再び 8 万トンの供与量を日本政府に要請した．アメリカ側の反発を見越し，琉球政府と日本政府は 6 万 5 千トンで当初合意するも，最終的には 1971 年度は 5 万トンの輸入計画となり，1971 年 1 月には USCAR もこれを承認した[39]．この

---

35) 「TALKING POINTS: Rice Negotiations and PL 480」（ビショップ作成）（1969 年 5 月 6 日）（『Rice』1969a，所収）．
36) 同上資料による．当初は，農林局長と指定業者をアメリカへ招待する計画であった．その後，指定業者のみによる訪問へと変更されたのち，1970 年 1 月には予定が延期された．「TALKING POINTS: JAPANESE SURPLUS RICE TO RYUKYUS」（Mr. Shimabukuro（USCAR 経済局）作成）（1969 年 12 月 29 日）（『Rice』1969b，所収）．こうした計画が実際に実現したのかなどについては，資料からは確認できていない．また琉球政府の資料では，農林局官僚が，食糧米買付契約及び稲作の状況視察のためにオーストラリア米穀生産者製粉協同組合の招待により，1969 年 4 月にオーストラリアを訪れる予定があったことについて言及している．「オーストラリア旅行について」（新本当福作成）（1969 年 4 月 8 日起案，同年同月 21 日決裁（総務局））（琉球政府農林局『米穀関係』1970 年度，R00053712B，R00053722B，所収）．
37) ただし，特例として，2,000 トンに限り，1969 年末に正月用として沖縄へ安価で輸出された．この分については，1970 年次の供与数量に含まれないことになった．『琉球新報』（1969 年 12 月 3 日）．

ような供与量の増大に対してアメリカ側の反発が弱かった背景として，1969年11月の佐藤・ニクソン会談で3年内に沖縄が日本に「復帰」することが決まったため，沖縄に対する日本政府の援助について，従来のようには介入することが困難であったことが挙げられる．加えて，沖縄の外米市場は縮小したが，1971年次の本土米供与計画においては，別途7千トンの加州米を購入する契約が付随していた[40]．この加州米輸入契約は，外務省から琉球政府に輸入量を増加させるよう要請があったことにより，1万5千トンに拡大された[41]．

2. 琉球政府食糧米政策の再編

2.1 外米輸入体制の転換

前節で確認したような経緯で，本土米供与計画が策定された．本項では，同計画による本土米の受け入れによって，沖縄の外米輸入体制がどのように変質したのかを明らかにする．

---

38) 「1971年における本土産米穀の買入れ数量の早期決定方について（要請）」（琉球政府行政主席屋良朝苗発，総理府総務長官宛）（1970年5月6日）（琉球政府農林局『本土産米穀関係』1971年度，R00058629B，所収）．同資料では，屋良主席が山中総務長官に対して，次のように供与米数量の増量を訴えた．「沖縄農業の現状は，その基盤整備が不充分であり，これを本土並みに近づけるためには，低利かつ長期の多額の資金を必要としている．時に本土復帰を目前に控えた現在，当該資金の需要は，極めて旺盛であるので，1971年における米穀の輸入必要量（83,000トン）の全部を本土政府から買い入れることにより資金を調達する必要がある．」

39) 「Japanese Rice Sale to the Ryukyus, CY 1971」（Mr. Tatekawa作成）（1971年4月30日）（『Rice』1971Memorandum，所収）．

40) 同上．

41) 「【メモ：電話連絡（71.1.13AM12:00）】」（湧上友雅作成）（1971年1月13日）（前掲『本土産米穀関係』1971年度，所収）によれば，外務省から1971年次の外米輸入予定量8,940トンを15,000〜16,000トンに増して輸入することはできないかとの打診を受けていた．さらに，「1月19日の日米協議会に質疑に出ることが予想されるので，今日中に返事をして貰いたい」としている．ただし，『琉球新報』によれば，1971年4月にはこのうちの7,000トンの加州米輸入を指定業者らが実施せず，代わりに豪州米を買い付けようとしたため，USCARが本土米の輸入に必要であったサインを拒否する事態へと発展した．『琉球新報』（1971年4月19日）．

2. 琉球政府食糧米政策の再編   157

表 5 - 1　外米輸入指示数量及び消費者価格の推移

単位：トン，ドル

年度	輸入数量		消費者価格		課徴金	
	総量	うち本土米	特選米	徳用米	外米	本土米
1970(1)	～ 85,000	―	260	220	4.95	―
1970(2)	～ 84,700	18,000	260	220	4.95	4.95
1971(1)	～ 80,000	44,000	260	220	10.41	6.35
1971(2)	～ 80,000	35,000	260	220	10.41	6.35
1972	～ 90,000	71,500	260	220	7.93	5.74

注：消費者価格は，1トン当り消費者価格の最高限を指す．
出所：琉球政府「公報」（1969年号外第52号，1970年第12号，1970年第16号，1970年号外第51号，1971年第9号，1971年号外第79号）より作成．

　まず，当該期における琉球政府の食糧米需給計画について，表5-1で，輸入米の数量，価格，課徴金の推移を示した．総輸入量は，1970年度分以降では上限量のみ指示されることになった．総量は，1969年度以前とほとんど同様であった．設定された上限量で計算すると，そのうち本土米の比率は，1970年度中の改正から計画ベースで21.3％，55.0％，43.8％，79.4％であった．政治状況によって供与量が左右されるという不安定性[42]はあるものの，急激にその比重を増していった．また，消費者価格は据え置かれたままであった一方，課徴金は引き上げられていった．特に課徴金は，外米と本土米とで差が設定されるのであり，こうした状況については，本節第3項で検討する．

　本土米供与開始後の沖縄の食糧米需給状況をさらに確認するため，表5-2で，当該期を中心とした銘柄別食糧米輸入状況の推移を示した．本表から明らかなように，当該期における輸入米の調達先の中心は，1969年度まではアメリカとオーストラリア，1970年度以降は日本を加えた三国であった．前節で述べたように本土米供与については，沖縄における既存の外米市場が縮小することが懸念されていた．しかしながら本表によって実際に確認すれ

---

42)「1971年度本土産米穀及外国産米穀の輸入数量等に関する告示の改定について」（湧上友雅作成）（1971年1月16日起案，同月27日決裁）（琉球政府農林局『米・稲作審議会に関する書類』1971年度，R00058807B，所収）．同資料では，改定の理由として，「本土産米穀の輸入数量が，輸入時期の関係で，当初計画どおりの輸入が困難である」と述べている．前節で述べたように，供与米数量が政治力学によって左右される状況下で，食糧米の需給計画をあらかじめ立てることは困難であった．

表5-2 銘柄別輸入状況の推移

単位：トン，％

年度	銘柄		輸入量(白米換算)	年度内比率	指定業者別内訳				
					沖食	琉食	一食	パ社	全琉商事
1969	加州	玄米	45,791	65.6	29.33	21.33	20.00	17.34	12.00
		白米	100	0.1	100.00	0.00	0.00	0.00	0.00
	豪州	白米	18,021	25.8	29.34	21.14	20.18	17.23	12.11
		砕米	3,967	5.7	37.26	18.94	17.64	15.32	10.84
	タイ	白米	1,586	2.3	34.01	17.01	21.00	18.99	9.00
	総量		69,836	100.0	30.08	21.19	19.80	17.12	11.81
1970	加州	玄米	35,546	39.5	29.33	21.33	20.00	17.34	12.00
		白米	417	0.5	100.00	0.00	0.00	0.00	0.00
	豪州	玄米	21,633	24.1	22.82	16.65	15.68	13.59	31.25
		白米	11,028	12.3	23.98	17.33	16.31	14.29	28.09
	タイ	白米	3,046	3.4	34.50	17.25	21.31	19.28	7.66
	日本	玄米	17,940	20.0	29.33	21.33	20.00	17.34	12.00
	総量		89,880	100.0	27.59	19.54	18.44	16.04	18.40
1971	加州	玄米	22,132	33.7	27.44	20.33	19.58	16.53	16.13
	豪州	玄米	8,772	13.4	32.78	23.86	22.36	19.43	1.57
	タイ	白米	2,343	3.6	29.52	21.33	19.81	17.34	12.00
	日本	玄米	32,413	49.4	33.35	16.67	20.60	18.64	10.74
	総量		65,659	100.0	29.39	21.16	20.10	17.39	11.95
1972	加州	玄米	7,099	11.0	29.33	21.33	20.00	17.34	12.00
	豪州	玄米	8,353	12.9	29.32	21.32	20.00	17.35	12.00
	タイ	白米	1,995	3.1	34.01	17.00	21.00	19.00	9.00
	日本	玄米	47,224	73.0	29.33	21.33	20.00	17.34	12.00
	総量		64,671	100.0	29.48	21.20	20.03	17.39	11.91

出所：外米については，各指定業者作成の「入荷報告書」の集計値．本土米については，「本土産米穀配分及び課徴金申告」各回の集計値より作成．

ば，供与が開始された初年度（1970年度）においては，前年度から輸入量が低下したのは加州米のみであった．これは本土米供与が開始された当時には，加州米が競合する豪州米に対する優位性を失いつつあったことを示唆する．その要因として，豪州米の食味が向上したことを指摘できる．豪州米の輸入時の形態の構成は，砕米を含んだ精白米を中心としたものから，玄米中心へと移行していた．前章で述べたように，1968年に輸入米価格が引き上げられた後，豪州米は加州米とともに相対的に価格の高い特選米に区分された．

両者は混合され,「特選米」という沖縄米穀協会の共通のブランドとして販売されていた[43]. 加州米6に対して豪州米を4の割合で混合することを, 沖縄米穀協会が定めていた[44]. これは, 加州米が豪州米よりも当時高く評価されていたことを裏づけると考えることができる. 豪州米が専ら精白米で輸入されていた一方で, 加州米は, 1967年末から既に玄米での輸入が定着していた. 沖縄の消費者には, 現地で精米される加州米の方が, 精白米で輸入される豪州米よりも高く評価されていた[45]. 1970年度以降, 豪州米の輸入時の形態が玄米中心へと移行した結果, 食味の評価における加州米との差が縮小したと思われる. こうした状況が, 前節で述べたような, 加州米の生産者や輸出商社が, 沖縄における加州米市場の維持を強く要請したことの背景として存在したと考えられる. 戦後アメリカの余剰農産物処理方式は, オーストラリアや日本などが遅れて経済成長を果たし, 余剰農産物を算出するような資本主義段階に至ったことで, 新自由主義的な貿易秩序の下における競争力を後退させ, 食糧援助を通してその解消を図る方針へと限定されていったということもできるだろう.

表5-2に戻れば, 本土米の受け入れにあたっては, 前章で述べた沖縄米穀協会による輸入協定の仕組みが援用されたことも確認できる. 供与された本土米については, 琉球政府が各指定業者に取扱量を割り当てた. その比率は, 沖食29.33%, 琉食21.33%, 一食20.00%, パ社17.34%, 全琉商事12.00%であり, 沖縄米穀協会による共同輸入の際のシェア割りと完全に一致した. 1960年代前半からの沖縄の外米輸入体制を振り返ると, 1963年の「自由化」及び米需法の後継法となった米穀管理法の下で, 指定業者の輸入・販売競争を実現するための制度が設計された. しかしながら, こうした競争の結果, 1960年代中盤には指定業者らの経営悪化という事態が生じたために, 琉球政府は指定業者らに業界団体として沖縄米穀協会を組織させ, 輸入・販売面で強調することを求めた. 加州米に代表される共同輸入分の拡大を通し

---

43) 「Mixture of California Rice with other Foreign Rice」(ホップ作成) (1970年11月10日) (『Rice』1970, 所収).
44) 同上資料による.
45) 前掲「Rice Bran Oil Extraction Plant」(1968年8月27日).

て，実質的なカルテル化が進行した．この意味で，琉球政府が供与米を沖縄米穀協会の設定したシェアに基づいて指定業者に配分することは，こうした実質的なカルテルを，官製的な性格を加えつつ固定化することになったといえる．

2.2 島産米保護政策の再編

本項では，本土米の供与が琉球政府の島内稲作保護政策に与えた影響を，島産米価格支持政策に着目して検討する．

それまでの輸入米が本土米に代替されることは，単に輸入米の仕入先の変容であるだけでなく，食糧米の安定確保という点で，沖縄の食糧米需給体制を変質させるものであった．それは，統治国であるアメリカを含めた諸外国に食糧の供給を委ねるよりは，「復帰」先である日本（本土）の方が食糧の安全保障という点で有利であろうことと，当該期の日本（本土）では，余剰米が政治問題化するほど強固な生産力を持っていたことによる．言い換えれば，琉球政府の食糧米政策が日本政府農政の中に組み込まれることによって，その安定性が担保されるという点であった．前章でみたように，1960年代後半の琉球政府による島内稲作の保護政策は，沖縄における食糧供給の不安定性を補うという課題と，農家所得を維持するという農業保護政策としての課題の下で強化された．本土米供与が開始されたことによって，島内稲作保護政策の課題のうち，前者の課題の持つ重要性が薄まり，後者の点が相対的に強調されるようになった．

本項で検討対象とする島産米買上事業は，1971〜1972年度の事業に当たる．これらを含めて稲作振興法下における島産米買上政策の実績について一覧すれば，表5-3のようであった．

本表から，1971〜1972年度における島産米買上事業の特徴について，1960年代後半における島産米買入価格の上昇傾向が一層加速したことを指摘できる．表には示していないが，特に1972年度の買入価格は，2期米から1トン当り440ドルまで引き上げられた．前章で述べたように，沖縄内では，1960年代後半を通して島内稲作の保護が強化されていった．表5-3で示したように，こうした傾向は1971年度以降の島産米買上価格をみても確

2. 琉球政府食糧米政策の再編

表5-3　島産米買入数量及び基準価格

単位：ドル

年度	生産量	買上量	買上比率	買上予定量	充足率	買入価格	小売価格	価格補償費（実額）
1966	7,208	2,435	33.8	3,000	81.2	270	200	68.60
1967	8,007	2,528	31.6	4,000	63.2	270	220	62.65
1968	8,208	3,116	38.0	4,000	77.9	290	220	84.03
1969	9,917	3,759	37.9	4,500	83.5	320	260	79.55
1970	9,839	3,050	31.0	4,500	67.8	340	260	131.07
1971	9,682	3,732	38.5	4,500	82.9	350	260	145.29
1972	6,885	3,548	51.5	4,900	72.4	380	260	187.97

注：1）買入・小売価格については，基準価格．
　　2）価格補償費（実額）は，稲作振興特別会計における島産米価格補償費の支出を，当該年度の買入数量で割って算出した．
　　3）1972年度の買入価格は，2期米からトン当り440ドルに引き上げられた．
出所：琉球政府『琉球統計年鑑』各年版，同「公報」各号，及び琉球政府企画局『一般会計・特別会計歳入歳出決算』各年版より作成．

表5-4　稲作振興及び米穀の管理に関する特別会計の歳入・歳出額の推移

【歳入】
単位：ドル

年度		前年度余剰金	課徴金	雑収入	一般会計受入	運用収入	合計
1970	予算	360,143	396,000	1	1	1	756,146
	決算	467,844	411,586	0	0	0	879,430
1971	予算	318,197	396,000	1	1	1	714,200
	決算	474,083	586,546	0	0	1,764	1,062,394
1972	予算	458,425	460,992	1	1	1	919,420
	決算	516,696	484,548	0	0	0	1,001,242

【歳出】

年度		島産米買上補助金	備蓄米補償費	事務費	予備費	合計
1970	予算	534,267	93,572	7,712	120,595	756,146
	決算	399,775	0	5,572	0	405,347
1971	予算	660,210	31,190	9,134	13,666	714,200
	決算	542,223	0	3,477	0	545,700
1972	予算	864,980	31,190	10,250	13,000	919,420
	決算	666,922	0	3,668	0	670,590

出所：琉球政府企画局『一般会計・特別会計歳入歳出決算』各年版より作成．

認できる．他方で，島産米買上補助金と課徴金の関係をみれば，1970年度の島産米買入価格が琉球政府の当初の想定幅を超えた水準で引き上げられたことによって，1トン当り島産米価格補償費は急激に増大し，1970年度における稲作振興特別会計の収支（その前後の年度を含めて表5-4で示した）は，単年度での歳出と歳入が接近することになった．稲作振興特別会計が単年度均衡主義をとる限り，一定程度の予備費の保持が必要であり，そのためには歳入の拡大が求められた．前掲表5-1の通り，1971年度から課徴金が引き上げられた．

以上を前提として，以下では，稲作振興審議会における1971～1972年度の島産米買入価格の決定過程について検討する．

1971年度の島産米買入価格を審議したのは，1970年6月の稲作振興審議会であった．審議会では，琉球政府が1トン当り350ドルとする諮問案を提出した．前年度の買入価格が同340ドルであり，それに1トン当り10ドルを上乗せしたことについて，琉球政府農政課長は，サトウキビやパインアップルを沖縄農業の中心作目と位置づけるも，稲作も経済作物として重要であることを述べた[46]．委員の間では，「復帰」後は日本（本土）の食糧管理制度の下で稲作の保護が拡大することへの期待があった．特に，学識経験者代表として出席した古堅文太郎は，次のように稲作の重要性を説明した．

「復帰したら日本と同条件におかれるものと予想される．米価についても暫定措置で食管法に対処すると承っているが，キビ，パインは先行き不安であるのに対し米は希望のもてる作目である．」[47]

第3章で述べたように，1963年に日本（本土）で砂糖の輸入が自由化された．さらに，1968年ごろから，それまで保護されていたパインアップル缶詰の輸入も，自由化目前だと指摘されていた[48]．琉球政府は，サトウキビと

---

46)「稲作振興審議会議事録」（1970年6月12・13日）（琉球政府農林局『稲作振興審議会　米穀審議会』1969・1970年度，R00053515B，所収）．
47) 同上資料による．なお古堅文太郎は，中金専務理事として学識経験者に選出されていた．

パインアップルを基幹作目として位置づけていたのに対して，その将来に対して生産者を中心に不安を抱えていたといえる．稲作についても，米余りの状態にある日本（本土）に「復帰」する以上，沖縄での生産は自粛するべきだとする意見を，琉球政府農林局長が出していた[49]．とはいえ，稲作については日本（本土）の食糧管理制度の下で日本（本土）並みの高い生産者保護が実現されることへの強い期待が，稲作農家を中心に存在したと思われる．

本審議会では，八重山地区の生産者代表が，日本（本土）の食糧管理制度のように島産米の全量買上を求める意見を出した[50]．さらに前章でみたように，学識経験者は稲作審議会において，生産者と消費者及び指定業者の利害を調整する役割として期待されていた．しかしながら先述した古堅委員の他にも，喜久川宏委員が，「糖業やパインの見通しは考えられないが水稲は本土並になると価格条件が良くなるので……」として，稲作保護の拡充を支持する立場に立った[51]．学識経験者代表のこうした発言は，先述の「復帰」後の島内稲作保護に対する期待が広く存在していたことを示唆する．

他方で，琉球政府は，「復帰」後は沖縄内で稲作を自粛するべきだと考えていた．具体的には，食糧管理制度下には置かれるものの，生産調整の対象となることを想定していたと思われる[52]．それにもかかわらず，このような島内稲作の保護に対する期待を考慮せざるを得なかった結果，前年度より買入価格を上積みした諮問案を作成したと思われる．

---

48) 日本政府は，1962年10月にはパインアップル缶詰の輸入を自由化する方針を決めていたが，沖縄のパインアップル産業の保護を考慮して，自由化を延期した経緯があった．石堂亨「パインアップル」（沖縄県農林水産行政史編集委員会編『沖縄県農林水産行政史』第4巻（作物編），農林統計協会，1987年，所収）．

49) 1969年5月に開催された稲作振興審議会において，琉球政府農林局長が，次のような意見を述べていた．「米は本土にまかせろ，本土でも余っているのだと云うのが農林省の考えです．……［中略］……それ以上の増産はしない方が良いと考えます」．「稲作振興審議会議事録」（1969年5月29日）（琉球政府農林局『稲作振興審議会　米穀審議会』1969年度，R00053516B，所収）．

50) 前掲「稲作振興審議会議事録」（1970年6月12・13日）．なお発言者について，議事録では「八重山」と記されているが，東白金広一（元大浜農協理事，生産者代表）であると思われる．

51) 同上資料による．喜久川宏も学識経験者代表であり，その所属については，「経済開発研究所理事」とされている．

稲作審議会では，前章と同様に，生産者らは政府案の買入価格をさらに上積みすることを求めた．これに対して，琉球政府官僚や指定業者代表らが中心となり，財源である課徴金を引き上げることができないとして強硬に反対した[53]．結果として審議会の答申では，琉球政府が提案した1トン当り350ドルの買入価格を承認するとともに，一般会計からの繰入れによって買入価格を1トン当り10ドル積み上げ，同360ドルに引き上げることを建議した．琉球政府は，答申は採用したものの，この建議は採用しなかった．島産米価格補償費が課徴金の枠内に拘束されるという制度的限界は，前章でみた1960年代後半と同様に継続していたといえる．

　1971年6月には，1972年度の島産米買入価格決定のために審議会が開催され，琉球政府は諮問案として，1トン当り370ドルの買入価格を提示した[54]．琉球政府官僚は「復帰」後の島内稲作について，次のように説明した．

「沖縄では三毛作も可能であるが，本土では生産調整も奨励しているので，沖縄も適切な措置をしなければならないでしょう．」[55]

---

52) 日本政府による「沖縄の復帰に伴う特別措置に関する法律」(1971年11月) によって，「復帰」後においては，沖縄での生産米の政府買入は行わず，稲作振興法下で行われていた農協を通じた不足払い制度を維持することになった．また，買入価格についても，日本（本土）の生産者価格と同一ではなく，1987年までの15年間で段階的に近づけていくことが定められた（以上，宮里清松・村山盛一「稲」(前掲『沖縄県農林水産行政史』第4巻，所収) による）．こうした食管制の適用をめぐって琉球政府が日本政府と交渉したような資料は，少なくとも筆者が確認した農林局の資料には含まれていない．1971年6月の時点ではこうした方向性は定まっていなかったと考え，本文では，前述の農林局長の発言を踏まえ，転作が奨励されるという見通しを持っていた可能性についてのみ記述した．
53) 改めて確認すれば，稲作振興特別会計は，制度上一般会計からの繰入れが可能であった．しかしながら，琉球政府農林局農政課長は，「稲作振興法の特別会計は独立採算制である特別会計の範囲でしか出さない．」として，前章でみた1960年代後半と同様に，財政支出については認めなかった．同上資料による．
54) 「稲作振興審議会議事録」(1971年6月10・11日)（前掲『米・稲作審議会に関する書類』所収）．
55) 同上資料による．発言者名が簿冊で閉じられており，確認できないが，「局長に代わり挨拶……」と述べていることから，琉球政府農林部長または農政課長による発言と思われる．

このように琉球政府は,「復帰」後には沖縄も生産調整の対象となるという想定を,前年から変えなかった. それでもなお, 前年よりも買入価格を1トン当り20ドル上乗せしたのは, 前年と同様に,「復帰」後の食糧管理制度下で, 生産者価格が引き上げられることへの生産者を中心とした期待を考慮せざるを得なかった結果であると思われる. 審議会においては, 生産者代表委員らが, こうした期待を強調することで, 買入価格のさらなる引上げを求めた[56]. 委員の中からは, 政府案が主張する前年比20ドルの上積みで十分であるという意見も出されたが, 最終的には, 政府案を1トン当り10ドル引き上げた同380ドルの買入価格が答申として出された[57]. 琉球政府は, この答申を採用した.

　以上のような, 1971〜1972年度島産米買入価格の引上げが決定される過程からは, まず買入価格については, 琉球政府による諮問案の段階で引き上げられていたことが確認できる. 琉球政府は,「復帰」後の島内稲作を日本政府農政が積極的に保護することへの期待に対して, 反対の立場をとりながらもこうした意見に配慮せざるを得ず, 結果的には諮問案の段階で, 島産米買入価格が引き上げられた. さらに当該期においても, 前章と同様に, 稲作振興審議会が島産米買入価格を決定するにあたって, 一般会計からの補助が認められず, 課徴金による財政的制約があったことを指摘できる. 前章で述べたように, 琉球政府の諮問案は, あらかじめ島産米価格補償費と課徴金による歳入を釣り合わせた水準に設定されていた. この点で, 琉球政府が諮問案の段階において買入価格を引き上げること, かつそれよりも買入価格が上積みされた答申を受け容れることを可能にした, 財政的な要因を明らかにす

---

56) 同上資料による. 前出の東白金は, 琉球政府が島産米買上価格を引き上げることを, 日本政府が認めているとする次のような発言によって,「復帰」後の沖縄で稲作を続けるべきではないとする懸念を打ち消すことで, 他の委員らの説得を図った.「山中長官のテレビ談話で沖縄も引き上げてよいのではないかとの言もあるので他産業との差を少なくするため引き上げるべきである」. ただし, 当該談話について, 筆者は確認できておらず, 東白金の主張するような意図の発言かどうかは不明である.

57) 同上資料による. ただし先述したような理由によって, 発言者名を完全に確認することができない. 末尾が「長」であること, 発言内容が琉球政府官僚ではないこと (農林部長や農政課長ではない) から, 審議会会長を務めた宮里清松 (琉球大学教授, 学識経験者代表) または翁長自敬 (琉食社長, 指定業者代表) による発言と思われる.

る必要がある．

2.3　本土米に対する課徴金の付与方式

前項で述べたように，琉球政府が島産米買入価格の引上げを許容できた財政的な要因として，課徴金を引き上げることが可能であったことが示唆される．そこで本項では，特に供与米に対する課徴金額を中心に検討する．

1971年度からは，課徴金の額が，外米と本土米に分けて設定されることになった．改めて，1971～1972年度の課徴金額をみれば，1971年度の外米に対する課徴金額は，前年度の1トン当り4.95ドルから同10.41ドルへと，2倍以上も上昇した（前掲表5-1）．本土米に対しても，1トン当り4.95ドルから同6.35ドルへと引き上げられた．こうした課徴金の増額の理由として琉球政府は，1971年度の島産米買入価格が前年度より10ドル引き上げた350ドルで決定したことに加えて，こうした買入価格の引上げが来年度も予想されることから，財源の上積みが必要であることを主張した[58]．前掲表5-4で示したように，既に予備費を節減しており，島産米買上補償費の拡大を可能とするための手段は，課徴金の引上げしか残されていなかった．

1971年度の課徴金額を決定するために，1970年6月，米穀審議会が開催された．琉球政府の諮問案は，外米に対して1トン当り10.41ドル，本土米に対して同6.35ドルの課徴金額を定めるものであった[59]．この課徴金額の大幅な引上げが可能であった要因を，まず外米についてみれば，1970年に入って外米の仕入価格が低下したことを挙げることができる．加州米の仕入価格を確認すれば，1968年4月から2年以上にわたって，1トン当り202.59ドルであったものが，1970年6月の輸入分からは，同194.94ドルに低下した[60]．とはいえ指定業者は，こうした課徴金の引上げについて，持続的ではない水準として批判しており，仕入価格が上昇した場合には，予備費で補償

---

58)「課徴金を増額した理由」(1971年7月19日)（前掲『本土産米穀関係』1971年度，所収）．
59) 諮問案が記載された米穀審議会参考資料では，外米の課徴金額が1トン当り10.53ドルと記されていたが，後に，琉球政府官僚が「計算ミス」であったとして，同10.41ドルに修正した．「米穀審議会議事録」1970年度（前掲『稲作振興審議会　米穀審議会』1969・1970年度，所収）．

することを琉球政府に要望した[61]．外米の仕入価格は，その輸出国の生産者を取り巻く環境や，国際食糧米需給状況によって左右される．第2章以降これまでみてきたように，米需法期から続く差益金ないし課徴金は，その課金可能額が外米の仕入価格の水準によって規定されるという問題を抱えていた．それゆえ差益金ないし課徴金を財源として島産米価格支持を実施する際には，こうした不安定性による歳入の縮小を考慮して，島産米価格補償費を抑制する必要があった．

以上で述べたように，外米に対する課徴金額は，1971年度に大きく引き上げられた．翌1972年度には，1トン当り7.93ドルへと引き下げられたが，1970年度以前と比べると，高水準に定められていた．とはいえ，課徴金収入全体に占める外米への課徴金による収入の割合は，1971年度には74.2%であったものが，1972年度には28.6%へと大きく低下した．この点で，本土米への課徴金額を引き上げることを可能にした要因を明らかにすることが重要である．この要因としては，日本政府による売渡価格が低下したことが想定できる．本土供与米の売渡価格は，琉球政府と日本政府との交渉によって決まるという特性を持った[62]．したがって，本土供与米の売渡価格の交渉過程について，以下で検討する．

基本的には，供与米の売渡価格は，沖縄における外米の価格を目途に定め

---

60) 筆者算出値による．1968〜1970年度における，各指定業者提出の「課徴金申告書」による輸入会別の輸入数量と，付属する「対外決済証明願」による支払金額から算出した，白米換算1トン当りの仕入価格である．これらは，以下の琉球政府文書に所収されている．琉球政府農林局『外国産米穀課徴金申告書 他』1967・1968年度（R00053548B），1969年度（R00053523B），1970年度（R00053522B）．

61) 1971年度の外米輸入数量が議題となった米穀審議会において，琉糖社長の翁長は，「法第10条の発動はせず消費者価格も措置で本土産米が過半数の44,000トンであり，現状の価格に変動があれば，予備費で補償できるか．できないとなれば業者は重要な問題であり五社協議の必要があるので了解願いたい」こと，また，琉球政府の想定していた水準では「1トン当り69セントの損失であるので，利益1ドル74セントではやっていけないので26セントアップして2ドルにしてもらいたい．課徴金も1ドル引き下げてもらいたい．」ことを述べていた．前掲「米穀審議会議事録」1970年度．

62) 具体的な交渉の過程として，琉球政府の東京事務所が事務的な中継ぎをすると同時に，その所長が非公式な折衝を担っていた．「昭和46年次における本土産米穀の買入数量について」（東京事務所長発，農林局長宛，琉東第667号，1970年4月9日）（前掲資料，所収）．

られた．すなわち，1970年時点で日本（本土）の乙地における米の消費者価格が，10キロ当り4ドル19セントであるのに対し，沖縄では同2ドル60セントであった[63]ために，日本政府が食糧債券によって価格差を負担することで，同水準の小売価格を実現できるような価格で琉球政府に売り渡された．しかしながら，売渡価格に明確な算定基準があったわけではなかったことから，後述するように，琉球政府は売渡価格を引き下げるための2つの方策＝3等米比率の引下げと，日本政府との直接価格交渉をとることができた．

こうした点を明らかにするために，琉球政府による具体的なアプローチについて検討する．供与米の等級別構成と売渡価格の推移を，表5-5で示した．本表をもとに，まず，3等米比率を引き下げて4等米の比率を引き上げることによって，琉球政府が供与米の売渡価格を引き下げるという第1の方策について，検討する．

1970年次における本土米供与について，沖縄の会計年度で1970年度に当たる4〜5月分と，1971年度に当たる7〜8月分を取り上げる．4〜5月の供与分については，3等米の売渡価格が1トン当り179.8ドル，4等米が同174.2ドルに定められた[64]．その後沖縄では，先述のように，1971年度から課徴金が改訂され，1970年度において1トン当り4.95ドルであったものが，同6.35ドルに引き上げられた．琉球政府は，この課徴金の引上げに対して，次のような検討を行った．

> 「71年度の琉政が決定した本土産米穀のC&F価格176.71ドルを確保するためには（現在の契約価格を改訂することなく）3等45％，4等55％の割合の数量の割当てによって達成可能である．」［カッコも原文ママ][65]

この資料からは，琉球政府は3等米の比率を，4〜5月分の50.0〜62.9％

---

63) 「食糧管理」（1月17日，参院■■団■■のメモ．■は不明瞭のため判読不能）（前掲『米穀関係』1970年度，所収）．
64) 「【本土産米穀C&F価格の検討】」（作成者不明，1970年7月19日のメモ）（前掲『本土産米穀関係』1971年度，所収）．
65) 同上．現在の契約価格である3等179.76ドル，4等174.2ドルを基礎に，割合をそれぞれ45％，55％にすることで，求める価格を実現することを検討している．

2. 琉球政府食糧米政策の再編　169

表5-5　供与米の等級別構成及び価格

単位：トン，％，ドル

年月		輸入数量（玄米）			3等比率	1トン当り売渡価格
		3等	4等	合計		
1970年	3月	4,480	4,480	8,960	50.00	186.11
	4月	5,370	3,170	8,540	62.88	187.10
	7月	3,182	4,858	8,040	39.58	185.87
	8月	3,509	4,019	7,528	46.61	186.35
1971年	5月	3,704	9,996	13,700	27.04	181.41
	7月	4,447	5,207	9,654	46.06	182.66
	8月	1,300	4,838	6,138	21.18	181.14
	10月	1,009	2,587	3,596	28.06	182.11
	11月	2,684	4,798	7,482	35.87	181.42
	12月	2,400	5,242	7,642	31.41	181.24
1972年	3月	1,200	1,360	2,560	46.88	180.37
	4月	9,439	5,560	14,999	62.93	180.13

出所：各指定業者作成「入荷報告書」（琉球政府農林局『入荷報告書』1971年度，R00058627B，所収）及び海運業者発行「Bill of Lading」（琉球政府農林局『稲作振興及び米穀の管理に関する特別会計』1971年度（R00058626B），1972年度（R00058625B）所収）より作成．

から45％まで引き下げることで，売渡価格を低下させることを検討していたことがうかがえる．この検討を踏まえて，日本政府からの7～8月分の売渡価格を4～5月分と同じ価格にする提案に対して，琉球政府は同意することを決定した[66]．表5-5からは，実際には3等米比率を39.6～46.6％まで抑えることで，4～5月の加重平均1トン当り売渡価格186.6ドルから，同186.1ドルへ引き下げ，課徴金の引上げ分の一部を相殺することができたことがわかる．このように，3等米比率を変化させることによって価格を調整した背景として，売渡価格を改訂するためには，食糧庁と大蔵省の間で調整が必要であったことが挙げられる．輸入回ごとに価格交渉を行うことは困難であった[67]．

供与米売渡価格を抑える第2の方策は，日本政府との直接の価格交渉であった．1971年次の供与分についての琉球政府・日本政府間における価格交

---

66)「電報案［米，3，4月の線で契約してよい］」（1970年7月21日起案，同日決裁）（湧上友雅作成）（行政主席発，東京事務所長宛）（前掲『本土産米穀関係』1971年度，所収）．「7，8月分の売渡価格を3，4月分のそれと同じにすることで，本土政府との内意を得，……［中略］……そのように契約をしてよいか，至急指示乞う」と東京事務所長から連絡を受けていた．

渉について整理すれば，次のようになる．1971年次供与米の売渡価格について，琉球政府と日本政府は，1971年2～3月にかけて交渉を行った．琉球政府は，売渡価格から運賃等を除いた価格で1トン当り平均168.6ドルを求めた．日本政府との交渉の結果，同164.7ドルでの売り渡しが決定した．1970年次の売り渡しは同169.0ドルであったから，運賃を除いて1トン当4ドル以上の大幅な引き下げが実現した[68]．この引下げ要素の一つとなったのが，1971年度における琉球政府の課徴金の引上げであった[69]．日本政府との交渉に当たった琉球政府農林局の官僚・湧上は，次のような報告を残している．

「今回の昭和46年次の本土産米穀の買入価格の決定にあたって，総理府及び食糧庁の意見として「課徴金は，琉政の要求通り6.35ドルは認める．しかし琉政は，島産米穀の買上価格を350ドルから370ドルに引上げて，消費者米価は据置く方針とのことであるが，生産者米価を引上げるなら消費者米価も引上げなさい．」とのことであった．本土政府の意見に対して「消費者米価を引上げることは，他物価が便乗値上げするので引上げるわけにはいかない．生産者米価は生産費の上昇（労賃等）は当然認めなくて

---

67) 1971年1月時点で，3月までに価格の改訂を行ったときは，その価格を1971年次の供与全量に適用し，原則的には途中で改訂を行わないとする通達が，食糧庁から琉球政府東京事務所を経由し，琉球政府宛に送られていた．「【東京事務所長発農林局長あて電報】」(1971年1月13日)（前掲『本土産米穀関係』1971年度，所収）．

68) 以上の記述は，「復命書」（湧上友雅作成）(1971年3月10日)（前掲『本土産米穀関係』1971年度，所収）による．同資料は，本土米供与についての折衝のため上京した琉球政府農林局の官僚・湧上の作成した報告書を含む．本章では，価格交渉に専ら着目したが，他の交渉成果として，1970年度産米は不作ではあるものの，九州での販売比率より上位等級を多くすること，包装について，従来の「かます」ではその処理に支障をきたしていたため，今回は麻袋入りを12.5％含むこと，今回からは，年中通して新米を供与すること等が挙げられている．

69) 交渉に当たった琉球政府官僚の湧上の報告書をみると，他の要素として，日本（本土）―沖縄間の運賃が1970年11月から引き上げられることに対応したこと，及び日本（本土）の不作によって供与米の4等米比率を引き上げる必要があったことが示唆される．後者の点を捕捉すると，同年の不作によって，沖縄へ供与されていた九州産米内で4等米の比率が高くなったため，沖縄への供与米の構成も4等米の比率を引き上げざるを得ないことを，日本政府から伝えられたという報告であった．同上資料による．

はいかないので，その部分は引上げする.」という回答を行ったが，これは政治的な要素を含んでいるのでトップクラスの話し合いが必要だとみている.」[70]

この報告からは，供与米の売渡価格の算定基準が，琉球政府が課す課徴金の額も含んだものであったことを示す．これまでみてきたように，課徴金は国際米価によってその額が規定されていた．これに対して，本土供与米の売渡価格は，琉球政府と日本政府の間で政治的調整が可能であった．売渡価格が課徴金額を織り込んだ水準に設定されたことで，実質的には，日本政府の負担によって島産米買上事業の財源が賄われるようになった．本土米供与の開始以降，課徴金の持つ性質がこのように変質したことで，安定的な財源が実現された．これを前提として，琉球政府は島産米の買入価格を引き上げていった.

おわりに

本章で明らかになったことを整理する.

第1に，「西村構想」に対して，USCARは当初は静観していたが，アメリカ内の加州米関連資本の利害を代表する形で，アメリカ政府が琉球政府に対して，PL480の提案などの積極的な介入を行うことになった．この結果，初年度である1970年度の供与数量は，「西村構想」の8万トンから，3万トンへと削減された．こうした政治過程は，専ら日本政府とアメリカ政府との間で交渉され，琉球政府が参加する余地はほとんどなかった．とはいえ，佐藤・ニクソン会談を経て沖縄の日本への「復帰」が政治日程化すると，アメリカによる介入の強度は低下した.

第2に，本土供与米は，琉球政府が指定業者に取扱量を割り当てるという点で，それまで沖縄で実施されてきた食糧米政策の「自由化」とは，まったく異なる性格を持った．「自由化」は，1965年の米穀管理法以来，制度的には継承されていたものの，運用上，琉球政府と指定業者らは，実質的なカル

---

70) 前掲「復命書」(1971年3月10日).

テルを形成することで,「自由化」の形骸化を図っていた.供与量が増えるにつれ,指定業者らに対する行政裁量は大きくなった.指定業者らは,「復帰」後,食糧管理制度の下で日本(本土)から移入した食糧米の分配・販売を行うことになるが,この時期に行政による統制が強化されたことは,その前提の一つとなったといえる.

　第3に,琉球政府は1960年代中盤以降島産米の保護を強化していたが,課徴金を事実上唯一の財源としていた以上,島産米買入価格の引上げは消費の9割を占めた外米の小売価格の上昇を引き起こす可能性を持っていた.他方,1970年から開始された日本政府による本土米の供与では,琉球政府は供与米の売渡価格を日本政府との間で交渉することができた.これを利用して,消費者に転嫁することなく課徴金の引上げが可能となり,島産米の買入価格は,1970年から「復帰」までの期間に大きく引き上げられた.

　このように,本土米供与を通して,島産米の買入価格を引き上げ,島内稲作の保護を図る結果となったことは,当時の日本政府農政が米余りという課題に直面していたこと,沖縄農業と日本(本土)農業との間で分業関係を築こうとしてきた日本政府農政の意図とは,一見矛盾しているようにもみえる.しかしながら,上記の日本政府農政の2つの政策課題に即して述べれば,まず,本土米供与以前に沖縄が輸入していた外米を,本土米が代替する限りにおいて,余剰米の処理という日本政府農政の課題の一部解決を図ることができた.これまで確認したように,島産米の生産量は,沖縄住民の需要量の1割を満たすにすぎなかった.琉球政府の買入価格が引き上げられたところで,本土米の供与量を縮小させるような島内稲作の拡大は起きず,むしろ1971年の旱魃によって,島内稲作は結果的に縮小した.次に,沖縄農業と日本(本土)農業との間の分業関係についてみれば,本土米供与の売上金を利用した第1次産業への融資には,「本土の産業と競合するものは避けるように」という制約があり,糖業,水産業,パインアップル産業に事実上限定されていた[71].さらに,「復帰」後には,沖縄での生産米の政府買入は行わず,稲作振興法下で行われていた農協を通じた不足払い制度を維持することになった.また,買入価格についても,日本(本土)の生産者価格よりは低水準に定められた.こうした状況に加えて,「復帰」後には稲作転換事業の実施

によって，島内稲作は急減し，1972年に約3,100haであったものが，1980年約1,100ha，1985年約750haとなった．

これまでみてきたように，琉球政府の島産米価格支持政策は，その財源が輸入米に課す差益金ないし課徴金に限定されるという財政的制約に特徴づけられる．課徴金を考慮した政治価格によって本土余剰米を輸入できたことは，この財政的限界を乗り越える可能性を持った．しかしながら，「復帰」後の島内稲作の転換を踏まえれば，日本政府農政が主張した日本（本土）農業と沖縄農業の分業関係という政策課題が貫徹したのであり，結果的には，琉球政府による島産米買入価格の引上げも，琉球政府農政が日本政府農政に包摂されることを前提とした上で，部分的に許容されたものであったと評価することができるだろう．

---

71) とはいえ，この制約にどれだけ実効性があったのかについては実証が必要である．「［電報］米の件」（東京事務所長発，農林局長宛）（1971年2月25日）（前掲『本土産米穀関係』1971年度，所収）では，1971年次の売渡契約について，1971年3月20日までに契約案を作成し4月3日までに調印を目指し，それと同時に「覚書に基づく琉政の事業資金計画案の作成と承認の手続き作業もこれと併行して進めて貰いたいとのこと」を伝えている．しかしながら，琉球政府資料の中には事業資金計画に相当するようなものを検討した資料は残されていない．資料の確認も含めて，今後の課題としたい．

終 章

1. 本書の総括

　本書の課題は，沖縄，アメリカ，日本のそれぞれの食糧米をめぐる政策課題に着目しつつ，戦後沖縄の食糧米政策の展開過程を再検証することによって，琉球政府の主体性（自律性）を検証することであった．本書では，アメリカ統治期を5つの時期に区分し，それぞれの時期における琉米日三者の食糧米をめぐる政策課題を明らかにした上で，この課題に接近してきた．その概要は，以下のようにまとめることができる．

　第1章「食糧米供給不足下における需給調整政策：1945～1958年」では，終戦～1958年までの時期を対象とした．終戦直後には，統治のための費用を最小限の財政負担で収めようとする軍政機関と，食糧確保が重要な課題であった民政機関の関心が部分的に対立する中で，民政機関の要望に妥協しつつ軍政機関の食糧米配給政策が展開したことを確認した．その後，食糧行政の権限は琉球政府に移管されたものの，統治コストの節減や「自由化体制」（資本と貿易の自由化）の下での経済開発を目指すUSCARの課題を反映して，琉球政府は，それまで1社に限定していた食糧米を取り扱う指定業者の枠を3社に拡大した．ただし，琉球政府は部分的な自給部分の維持を求めていたのであり，その限りで指定業者の枠の拡大に対して慎重な態度であった．

　第2章「米穀需給調整臨時措置法をめぐる琉米間の対立と妥協：1959～1962年」では，1959年に成立した米需法（米穀需給調整臨時措置法）の制定過程と，「自由化」以前のその運用過程を検討した．「自由化体制」の下では，

食糧米の価格を引き下げることは，沖縄内の資本蓄積を促進し，かつアメリカの沖縄統治コストを節減するという点で，極めて重大な課題となった．1950年代後半には，国際食糧米需給が緩和したことを背景として，沖縄内に上級米が大量に流入するようになり，島産米の価格低下の一因となっていた．琉球政府は，稲作農家の保護を目的として島産米の価格支持政策を構想したが，これは「自由化体制」による経済開発を推したUSCARの課題と対立するものであった．結果として成立した米需法は，USCARの政策課題にも配慮した妥協的な制度となった．

特に，島産米の価格支持にあたり，一般会計からの財政支出が認められなかったことで，その財源として利用可能なのは外米に課する差益金のみとなった．外米輸入銘柄のうち，実際に差益金の徴収対象であったのは，加州米や豪州米，韓国米等の上級米に限られていた．これらは，島産米と品質面で競合する可能性を潜在的に持っていた．また，島産米の生産量が拡大すると，外米の輸入量ひいては差益金収入を減少せしめ，島産米保護政策を足元から掘り崩すことになる．このため，米需法による島産米保護は，流通経費を補助するものにとどまり，積極的な価格支持が展開することはなかった．

第3章「日米政府の政策課題を受けた食糧米政策の「自由化」への転換：1963〜1964年」では，1963年の「自由化」に至る政治過程と，それを受けた琉球政府食糧米政策の転換の実相について検討した．アメリカ商社の加州米の沖縄への輸出拡大という経済的利害に配慮して，USCARが加州米の輸入増大を琉球政府に求めたことを直接の契機として，琉球政府は，1963年3月に「自由化」＝米需法の統制緩和へと転換した．これは，日本政府による沖縄産糖に対する保護政策の本格化を受け琉球政府内で出てきた，サトウキビ作を中心とする農業構造を形成するという課題と整合的な性格を持った．

「自由化」の結果として，輸入米は加州米を中心とした上級米中心の構成となり，島産米の小売価格に対する引下げ圧力として作用した．政府買上事業における小売価格は，指定業者及び消費者の利害に沿って引き下げられたが，他方で集荷価格は維持されたため，1トン当り補償額は増大した．これを可能にした要因は，米需特別会計の拡充ではなく，サトウキビ・ブーム及び1963年の旱魃を契機として，島内稲作の多くがサトウキビ作へ転換され

たことによって，島産米の生産量そのものが縮小し，買上量を減少させることができたことであった．

第4章「島産米保護への回帰：1965～1969年」では，1965～1969年における，稲作振興法と米穀管理法の制定過程及び運用過程を検討した．まず二法の制定過程を確認すれば，第3章でみた「自由化」方針を前提として，琉球政府は，米需法に代わり，より強度の高い島内稲作保護制度を構想した．その結果，価格政策と生産力政策の両面を含む恒久的な島内稲作保護政策として，稲作振興法が策定された．他方で，外米の価格や流通の管理については「自由化」を継承した米穀管理法が別に制定された．外米に課徴金を課し，それを財源として島産米の価格支持を行った．

米価についてみれば，輸入米と島産米の価格について，別個の米価決定経路が形成されることになった．実際は，それぞれの審議会が，互いの審議会の答申に拘束されるという構造の下で審議が制限され，ほとんどの審議会で琉球政府の諮問案を受容・承認するにとどまった．基本的には，琉球政府案を通して双方の米価決定経路は実質的に調整されていた．こうした状況下で課徴金は，制度上は島産米買上事業費から内在的に算出されるはずであったが，実際には，輸入米の小売価格の変動を最小限にとどめることを前提として決定された．米需法期と同様に，課徴金を通して，外米の小売価格が島産米の買入価格を低水準に押しとどめるという構造と，その結果島産米の買上げが進まず，稲作振興特別会計の余剰金が拡大するという構造が基本的に継承されていた．しかしながら，国際米価の上昇という外的要因と，住民によって選出された行政主席が米価の最終決定権を持っていたという内的要因によって，1969年には，島産米の買入価格が行政主席の政治的な判断によって引き上げられることになった．こうした買入価格の引上げが次年度以降も継続するためには，課徴金の引上げが不可欠であった．

第5章「「復帰」を前提とした食糧米政策の再編：1970～1972年」では，1970年に開始された本土米供与が，計画から実施に至るまでの政治過程と，「復帰」を前提とした琉球政府の食糧米政策の再編過程を検討した．日本政府が出した「西村構想」に対して，USCARは当初は静観していたが，アメリカ内の加州米関連資本の利害を代表する形で，アメリカ政府が琉球政府に

対して，PL480の提案などの積極的な介入を行うことになった．この結果，初年度である1970年度の供与数量は，「西村構想」の8万トンから，3万トンへと削減された．こうした政治過程は，専ら日本政府とアメリカ政府との間で交渉され，琉球政府が参加する余地はほとんどなかった．とはいえ，佐藤・ニクソン会談を経て沖縄の日本への「復帰」が政治日程化すると，アメリカによる介入の強度は低下した．

　第4章でみたように，琉球政府は1960年代中盤以降島産米の保護を強化していたが，課徴金を事実上唯一の財源としていた以上，島産米買入価格の引上げは，消費の9割を占めた外米の小売価格の上昇を引き起こす可能性を持っていた．他方，1970年から開始された日本政府による本土米の供与では，琉球政府は供与米の売渡価格を日本政府との間で交渉することができた．これを利用して，消費者に転嫁することなく課徴金の引上げが可能となり，島産米の買入価格は，1970年から「復帰」までの期間に大きく引き上げられた．

2. 本書の成果

　前節のまとめを受けて，ここでは，本書の成果と残された課題について総括を行う．まず，琉球政府による食糧米政策の形成過程を整理した上で，琉球政府の主体性（自律性）の制約となった財政的な問題と，政治的な問題について述べる．

　第1に，琉球政府による食糧米政策の形成過程について，本書では，まず，戦後〜1960年代前半の時期については，米需法の制定過程や「自由化」政策に至る政治過程を中心に検討した．琉球政府が目指した島内稲作保護政策が，USCARの「自由化体制」による経済開発方針と一部対立したことで，琉球政府はアメリカの政策課題に譲歩する方向で島産米価格支持制度を部分的に修正せざるを得なかった．その後，日本政府は，沖縄を砂糖原料の生産地として位置づけ，沖縄産糖に対する保護を拡充していった．沖縄内でも，サトウキビ・ブームによるサトウキビ作の拡大と島内稲作の縮小という沖縄農業のシフトを与件として，琉球政府農政において島内稲作保護という政策課題の占める比重は低下した．USCAR内で，加州米の沖縄向け輸出を増大

させようとする課題が出てきたことを契機として，琉球政府は，食糧米の輸入・価格の統制を緩和する「自由化」政策を施行することになった．

1960年代後半以降では，稲作振興法及び米穀管理法の制定過程と，本土米供与計画の策定過程を中心に検討した．先述のように琉球政府の食糧米政策は「自由化」へと方針転換したものの，島内稲作の保護という課題は継続しており，時限切れとなる米需法に代わり，より強度の高い島内稲作保護政策として，稲作振興法が構想されていた．米需法の制定時と異なり，生産量が外米輸入量に対して過少であったために，USCARは，加州米の沖縄向け輸出の維持という自らの政策課題への影響は小さいと考え，特に容喙しなかった．その結果として，価格支持政策と生産力政策による強度の島内稲作の保護が，稲作振興法の下で図られることになった．他方で，1960年代末に日本政府による余剰米の沖縄への供与が検討されるようになると，沖縄の外米市場を縮小させるという点で，USCARやアメリカ政府が強く反発することになった．供与量については，琉球政府は介入できず，専らアメリカ政府と日本政府の二者の交渉によって調整された．

第2に，琉球政府が食糧米政策を執行するにあたり，財政の問題が制約となった．本書では，琉球政府が輸入米に課する差益金ないし課徴金を事実上唯一の財源として，島産米の価格支持を実施せざるを得なかったことを確認した．差益金ないし課徴金の額の設定にあたっては，輸入米の小売価格への影響を最小限にすることが重要視されたため，引上げは困難であった．島産米買上事業の財政規模が，国際米価水準によって規定されるという限界があった．また，米穀需給調整特別会計及び稲作振興特別会計において，単年度均衡予算主義という制約があった．差益金ないし課徴金による歳入と，島産米への価格補償費による歳出の双方が不安定性を抱えていたことで，島産米の政府買入価格を引き上げることは困難であった．1963年の「自由化」後には，輸入米との価格競争が激しくなり，政府買上の島産米についても小売価格を引き下げざるを得ず，その分の価格補償費が増大したため，こうした傾向は一層強化された．以上のような財政的な制約を背景として，特に1960年代中盤までの時期においては，島産米の政府買入価格は，琉球政府が実質的な決定権を持っていた．米穀需給審議会や稲作振興審議会は，制度

上諮問機関と位置づけられるも，島産米買入価格については，琉球政府が提示した諮問案で示された価格を受容・承認するにとどまった．このように，島産米買入価格が低水準であった一方で，単年度均衡予算主義という点から，差益金ないし課徴金を大幅に引き下げることもできなかったという琉球政府による島産米価格支持制度が持つ構造的限界によって，米穀需給特別会計ないし稲作振興特別会計は，余剰金が蓄積・拡大していった．

　一方で，1960年代後半以降，島産米買入価格が大きく引き上げられていった．外米買付価格の上昇に伴い，沖縄内では外米の小売価格が引き上げられ，それと同調して，島産米の小売価格も引き上げられた．小売価格が引き上げられたことで，島産米価格補償費を増大させることなく，島産米買入価格を引き上げることができた．それに加えて，サトウキビ原料価格の低迷を背景として稲作が有望な経済作物として再評価されたことを背景として，1968年以降，稲作振興審議会は，琉球政府の諮問する島産米買入価格に対して上積みを求める答申を出すようになった．稲作振興特別会計の余剰金を切り崩すことで，買入価格の引上げが実現した．さらに，1970年以降日本政府による余剰米の供与が実施されてからは，供与米の売渡価格が，琉日間の交渉によって引き下げられていった．課徴金を事実上日本政府に負担させることで，琉球政府は，島産米買上事業の財政規模が国際米価水準によって規定されるという限界を迂回することができた．

　第3に，戦後沖縄における食糧米供給が，外米の輸入を前提とせざるを得なかった以上，琉球政府の食糧米政策は，先進国における余剰農産物問題と結びつかざるを得なかった．まず，1950年代末に，「自由化体制」の下で低米価を志向するUSCARの方針を反映して，琉球政府が指定業者の枠を1社から3社へと拡大したことをみた．とはいえ，食糧米政策に最も大きな影響を与えたのは，1963年の「自由化」であり，その契機となったのはUSCARによる加州米の輸出増大という政策課題であった．その後，日本政府による本土米供与計画によって，加州米は日本（本土）産米に置き換えられた．沖縄の外米市場の覇権をめぐり，余剰農産物の処理という政策課題を抱えた日米政府が対峙していた．

　以上のように，琉球政府の食糧米政策は，USCAR，アメリカ政府，日本

政府による容喙を受けざるを得なかったし，その結果，島産米の保護という琉球政府の政策課題は，十分に果たされることはなかった．ただし，そうした制約の下ではあるが，琉球政府が主体的（自律的）に政策を形成・執行していた局面については，改めて評価されるべきではないかとも思われる．特に，琉球政府が USCAR やアメリカ政府，日本政府らの政策を逆に利用した側面は，注目されよう．結果としては，日本政府食糧管理制度の下に包摂されていくが，こうした沖縄と日米の間の相互作用を通して，沖縄の自立性が構造的に限界づけられていった過程は，今後の戦後沖縄史研究においても引き続き検討されるべき課題であると思われる．

　本書で明らかにしたように，当該期に結果的に展開した経済政策は，琉米日のいずれかの政策課題によって一義的に説明されるべきものではない．その相互作用のあり様を注視し，丹念に解いていくことは，USCAR や日本政府による対沖縄政策に偏重していた研究史を前進させるにとどまらない．その射程には，今日では自明となっている沖縄の自立性の限界を切開することによっていわゆる「沖縄問題」を考えることまで含まれている．

3. 今後の課題

　本書の成果を踏まえた今後の課題として，次の 2 点を挙げておく．
　第 1 に，戦後沖縄経済史における実証研究を拡充させていくことである．本書の執筆にあたり，研究史における実証成果の乏しさを改めて痛感した．本書の成果を吟味するためにも，特にアメリカ統治期の金融史について，本格的な研究を行う必要がある．アメリカによる PL480 及び日本政府による本土米供与計画が，沖縄の資本蓄積にどのような影響を与えたのかという点は，沖縄経済史をグローバルな経済史の中に位置づけるためには検討すべき課題であるが，筆者の力量が及ばず本書では叶わなかった．今後別稿を期したい．
　第 2 に，本書では，食糧米の需給に論点を集中させたあまり，消費についてはほとんど触れることができなかった．沖縄島北部における筆者の聞き取りでは，本書第 1 章で取り上げた「砕米」は当時「ナービ米」と呼ばれ，農

村地域で主に消費されていたという．アメリカ統治期に日本（本土）から琉球政府農場に招聘された丸杉孝之助は，西表島の老夫婦が災害時に特別配給された日本（本土）米を食べずに大切にとっておいたという出来事を記録している．また，今日においても沖縄のスーパーマーケット等では，加州米が販売されている光景をよくみる．本書で扱った戦後沖縄のコメについても，生活史の視点から再検証していきたい．

参考文献

■刊行資料

秋田茂「1960 年代の米印経済関係——PL480 と食糧援助問題」『社会経済史学』第 81 巻第 3 号，323-340 頁，2015 年．

秋山道宏「日本復帰前後の沖縄における島ぐるみの運動の模索と限界——尖閣列島の資源開発をめぐる運動がめざしたもの」『一橋社会科学』第 4 号，48-63 頁，2012 年．

明田川融『沖縄基地問題の歴史——非武の島，戦の島』みすず書房，2008 年．

安谷屋隆司「復帰前農協運動と農連事件——忘備録「農連事件」」『沖縄大学地域研究所所報』第 31 巻，145-157 頁，2004 年．

新井祥穂・永田淳嗣『復帰後の沖縄農業——フィールドワークによる沖縄農政論』農林統計協会，2013 年．

新崎盛暉『戦後沖縄史』日本評論社，1976 年．

池原真一「甘蔗の経営経済的研究 (2)」『琉球大学農家政工学部学術報告』第 12 号，87-138 頁，1965 年．

池原真一「沖縄農業における主要農作物の経済性」『琉大農家便り』第 155 号，2-10 頁，1968 年．

池原真一『概説沖縄農業史』月刊沖縄社，1979 年．

池宮城秀正『琉球列島における公共部門の経済活動』同文舘出版，2009 年．

石井啓雄・来間泰男「沖縄の農業・土地問題」『日本の農業』第 106・107 集，農政調査委員会，1976 年．

石堂亨「パインアップル」沖縄県農林水産行政史編集委員会編『沖縄県農林水産行政史』第 4 巻（作物編），農林統計協会，299-342 頁，1987 年．

石原昌家『戦後沖縄の社会史——軍作業・戦果・大密貿易の時代』ひるぎ社，1995 年．

伊集朝規・鉢嶺清惇「食糧」沖縄朝日新聞社編『沖縄大観』日本通信社，69-75 頁，1953 年．（沖縄県農林水産行政史編集委員会編『沖縄県農林水産行政史』第 12 巻，1982 年，607-626 頁に再集録）．

今村元義「沖縄における基地経済——復帰後の沖縄経済の特徴付けに関連して」『商経論集』第 9 巻第 2 号，35-49 頁，1981 年．

エルドリッヂ，ロバート・D 著，吉田真吾・中島琢磨訳『尖閣問題の起源——沖縄返還とアメリカの中立政策』名古屋大学出版会，2015 年．

大城将保『琉球政府——自治権の実験室』ひるぎ社，1992年．
沖縄県沖縄史料編集所編『沖縄県史料　戦後1』(沖縄諮詢会記録)，沖縄県教育委員会，1986年．
沖縄県沖縄史料編集所編『沖縄県史料　戦後2』(沖縄民政府記録1)，沖縄県教育委員会，1988年．
沖縄県総務部財政課編『琉球政府財政関係資料』上巻，沖縄県総務部財政課，1994年．
沖縄県農林水産行政史編集委員会編『沖縄県農林水産行政史』第4巻(作物編)，農林統計協会，1987年．
沖縄県農林水産行政史編集委員会編『沖縄県農林水産行政史』第12巻(農業資料編3)，農林統計協会，1982年．
沖縄県農林水産行政史編集委員会編『沖縄県農林水産行政史』第13巻(農業資料編4)，農林統計協会，1982年．
沖縄食糧株式会社『沖縄食糧五十年史』沖縄食糧株式会社，2000年．
沖縄タイムス社編『庶民がつづる沖縄戦後生活史』沖縄タイムス社，1998年．
沖縄タイムス中部支社編集部『基地で働く——軍作業員の戦後』沖縄タイムス社，2013年．
勝連哲治「アジアの稲作と食糧事情」美土路達雄編著『米——その需給と管理制度』現代企画社，1969年．
我部政明『日米関係のなかの沖縄』三一書房，1996年．
加用信文監修，農林統計研究会編『都道府県農業基礎統計』農林統計協会，1983年．
川手摂『戦後琉球の公務員制度史——米軍統治下における「日本化」の諸相』東京大学出版会，2012年．
岸政彦『同化と他者化——戦後沖縄の本土就職者たち』ナカニシヤ出版，2013年．
来間泰男「日本農業の未来の縮図か」『経済評論』第20巻第10号，130-137頁，1971年．
来間泰男『沖縄の農業——歴史のなかで考える』日本経済評論社，1979年．
来間泰男「書評　吉村朔夫著「日本辺境論叙説——沖縄の統治と民衆」」『土地制度史学』第25巻第2号(通巻第98号)，70-72頁，1983年．
来間泰男「書評『戦後沖縄経済史』琉球銀行調査部編——アメリカ軍占領下沖縄経済研究の画期的成果と残された課題」『沖縄史料編集所紀要』第10号，1-51頁，1985年．
来間泰男「復帰後の保護農政と沖縄農業の発展」中野一新・太田原高昭・後藤光蔵編『国際農業調整と農業保護』農山漁村文化協会，153-170頁，1990年．
来間泰男『沖縄経済論批判』日本経済評論社，1990年．
来間泰男『沖縄経済の幻想と現実』日本経済評論社，1998年．
黒柳保則「日本復帰と二つの「議会」——権力移行期における琉球政府立法院と沖縄

県議会」『沖縄法学』第 44 号，1-25 頁，2015 年．
国場幸憲「貿易」沖縄朝日新聞社編『沖縄大観』日本通信社，111-120 頁，1953 年．
　　（沖縄県農林水産行政史編集委員会編『沖縄県農林水産行政史』第 12 巻，1982 年，673-689 頁に仲地強英名義で再集録）．
古波藏契「沖縄占領と労働政策——国際自由労連の介入と米国民政府労働政策の転換」『沖縄文化研究』第 44 巻，77-130 頁，2017 年．
小林茂『農耕・景観・災害——琉球列島の環境史』第一書房，2003 年．
小松寛『日本復帰と反復帰——戦後沖縄ナショナリズムの展開』早稲田大学出版部，2015 年．
西原文雄『沖縄近代経済史の方法』ひるぎ社，1991 年．
櫻澤誠『沖縄の復帰運動と保革対立——沖縄地域社会の変容』有志舎，2012 年．
櫻澤誠「沖縄の復帰過程と「自立」への模索」『日本史研究』第 606 号，126-150 頁，2013 年．
櫻澤誠「沖縄戦後史研究の現在」『歴史評論』第 776 号，52-62 頁，2014 年．
櫻澤誠「沖縄復帰前後の経済構造」『社会科学』第 44 巻第 3 号（通巻第 104 号），33-46 頁，2014 年．
櫻澤誠『沖縄現代史——米国統治、本土復帰から「オール沖縄」まで』中央公論新社，2015 年．
櫻澤誠『沖縄の保守勢力と「島ぐるみ」の系譜——政治結合・基地認識・経済構想』有志舎，2016 年．
澤田佳世『戦後沖縄の生殖をめぐるポリティクス——米軍統治下の出生力転換と女たちの交渉』大月書店，2014 年．
識名朝清『米軍統治と公社事業——内側から見た戦後沖縄の電信電話』沖縄自分史センター，2006 年．
新崎盛暉『沖縄現代史　新版』岩波新書，2005 年．
杉原たまえ『家族制農業の推転過程——ケニア・沖縄にみる慣習と経済の間』日本経済評論社，1994 年．
平良好利『戦後沖縄と米軍基地——「受容」と「拒絶」のはざまで：1945 〜 1972 年』法政大学出版局，2012 年．
高良亀友「戦後の沖縄における農業立法の変遷と特質 (1)」『沖縄農業』第 9 巻第 2 号，1-12 頁，1970 年．
高良亀友「戦後の沖縄における農業立法の変遷と特質 (2)」『沖縄農業』第 10 巻第 1・2 号，1-12 頁，1971 年．
竹内和三郎「食料品の配給時代」那覇市企画部市史編集室編『那覇市史』資料編第 3 巻の 8，那覇市企画部市史編集室，167-172 頁，1981 年．
照屋榮一『沖縄行政機構変遷史——明治 12 年〜昭和 59 年』私家版，1984 年．

友利廣「戦後沖縄経済復興期の技術導入と伝播構造」『沖大経済論叢』第22巻第1号，17-28頁，2000年．

冨山一郎・森宣雄編『現代沖縄の歴史経験――希望，あるいは未決性について』青弓社，2010年．

鳥山淳編『イモとハダシ――占領と現在』沖縄・問いを立てる (5)，社会評論社，2009年．

鳥山淳『沖縄／基地社会の起源と相克：1945‐1956』勁草書房，2013年．

仲地宗俊「亜熱帯島嶼農業の展開と共生の課題」仁平恒夫編『北海道と沖縄の共生農業システム』農林統計協会，124-168頁，2011年．

中野敏男・波平恒男・屋嘉比収・李孝徳編『沖縄の占領と日本の復興――植民地主義はいかに継続したか』青弓社，2006年．

中野好夫・新崎盛暉『沖縄戦後史』岩波新書，1976年．

南雲和夫『アメリカ占領下沖縄の労働史――支配と抵抗のはざまで』みずのわ出版，2005年．

原洋之介『北の大地・南の列島の「農」――地域分権化と農政改革』書籍工房早山，2007年．

星野智樹「第二次世界大戦後の米国統治下における沖縄の通貨制度――1958年～1972年の「ドル通貨制」を中心に」『立教経済学論叢』第82号，21-45頁，2016年．

牧野浩隆「自由化体制の確立」琉球銀行調査部『戦後沖縄経済史』琉球銀行，592頁，1984年．

松田賀孝『戦後沖縄社会経済史研究』東京大学出版会，1981年．

丸杉孝之助『沖縄農業の基礎条件と構造改善』琉球模範農場，1971年．

三上絢子『米国軍政下の奄美・沖縄経済』南方新社，2013年．

宮城修・島田尚徳「里春夫　新垣雄久　オーラル・ヒストリー　元琉球政府職員」琉球大学特別教育研究経費（連携融合）「人の移動と21世紀のグローバル社会」戦後沖縄プロジェクト2009年度成果報告書 (3)，2010年．

宮里清松・村山盛一「稲」沖縄県農林水産行政史編集委員会編『沖縄県農林水産行政史』第4巻（作物編），農林統計協会，71-149頁，1987年．

宮里政玄『日米関係と沖縄：1945‐1972』岩波書店，2000年．

宮地英敏「アメリカ統治下の沖縄における発送電と配電の分離について」『エネルギー史研究』第28号，123-140頁，2013年．

宮地英敏「沖縄石油資源開発株式会社の構想と挫折――尖閣諸島沖での油田開発が最も実現に近づいた時」『経済学研究』（九州大学経済学会），第84巻第1号，35-56頁，2017年．

八木宏典『カリフォルニアの米産業』東京大学出版会，1992年．

山城栄喜・新垣秀一・来間泰男「さとうきび」沖縄県農林水産行政史編集委員会編『沖縄県農林水産行政史』第 4 巻（作物編），農林統計協会，343-478 頁，1987 年.
吉村朔夫「沖縄経済論ノート——軍事植民地の経済的支配」『経済評論』第 15 巻第 14 号，85-97 頁，1966 年.
吉村朔夫「沖縄経済論ノート——新植民地主義的支配の特殊的構成をめぐって」『経済学論集』第 3 号，185-207 頁，1967 年.
吉村朔夫『日本辺境論叙説——沖縄の統治と民衆』御茶の水書房，1981 年.
琉球銀行「米——その流通と価格」『金融経済』（琉球銀行調査部），第 125 号（1963 年 4 月号），1-23 頁，1963 年.
琉球銀行調査部編『戦後沖縄経済史』琉球銀行，1984 年.
琉球新報社会部編『戦後おきなわ物価風俗史』沖縄出版，1987 年.
琉球政府『一般会計・特別会計歳入歳出決算』1965 年度.
琉球政府『一般会計特別会計歳入歳出決算』1959 ～ 1964 年度.
琉球政府『決算　報告書』1966 ～ 1971 年度.
琉球政府『立法院経済工務委員会議録』第 14 回議会（定例，1959 年），第 18 回議会（定例，1961 年），第 25 回議会（定例，1964 年），第 25 回議会（閉会中，1964 年），第 28 回議会（定例，1965 年）.
琉球政府企画局統計庁編『沖縄統計年鑑』1967 ～ 1972 年.
琉球政府企画局統計庁『琉球統計年鑑』1955 ～ 1966 年.
琉球政府総務局渉外広報部『沖縄要覧』1958 年度版.
琉球政府総務局渉外広報部『沖縄要覧』1971 年度版.
琉球政府農林局農政部『沖縄農業の現状』1955 ～ 1967 年度，1970 年度.
琉球政府文教局研究調査課編『琉球史料』第 1 集，琉球政府文教局，1956 年.
琉球模範農場『沖縄の水稲とその試作報告——亜熱帯地方水田作の一指標』琉球模範農場，1963 年.

■未刊行資料
1. 琉球政府文書（沖縄県公文書館所蔵）
1) 農林局
『稲作振興及び外国産米穀管理に関する特別会計関係』1966 年度（R00053687B）.
『稲作振興及び米穀の管理に関する特別会計』1971 年度（R00058626B），1972 年度（R00053625B）.
『稲作振興審議会』1966 年度（R00053519B）.
『稲作振興審議会　米穀審議会』1967 年度（R00053518B），1968 年度（R00053517B），1969 年度（R00053516B），1969・1970 年度（R00053515B）.
『稲作振興法　米穀の管理及び価格安定に関する立法』1963 年度（R00053701B）.

『外国産米穀受払報告集計表』1967年度（R00053552B）.
『外国産米穀課徴金申告書　他』1967・1968年度（R00053548B），1969年度（R00053523B），1970年度（R00053522B）.
『外国産米穀入荷報告書』1967年度（R00053553B）.
『米・稲作審議会に関する書類』1971年度（R00058807B）.
『歳入徴収額計算書附属証拠書』支出負担行為担当官の分，1967年3月（R00051737B）.
『雑書』1972年度（R00058871B）.
『長期稲作振興計画』1966年度（R00053506B）.
『島産米及び外国産米関係』1968年度（R00058876B）.
『島産米買上関係　売渡申込書　検査調書　他』1965年度（R00053540B）.
『島産米買上報告書（1）』1964年度（R00053544B）.
『島産米買上報告書（2）』1964年度（R00053545B）.
『島産米買上報告書』1965年度（R00053542B）.
『入荷報告書』1971年度（R00058627B）.
『米穀管理及価格安定関係』1967年度（R00053550B）.
『米穀関係』1966年度（R00053727B, R00053728B），1967年度（R00053726B），1968年度（R00053724B），1970年度（R00053712B, R00053722B）.
『米穀関係　1971年度』1970年度（R00058632B）.
『米穀審議会』1966年度（R00053520B）.
『本土産米穀関係』1971年度（R00058629B）.

2）農林局以外の部局
企画局『一般会計・特別会計歳入歳出決算』1972年度（R00005942B）.
計画局統計庁『小売物価統計調査価格一覧表』1961年4月〜1962年3月（R00009980B），1962〜1964年（R00008237B）.
経済局『島産米買上関係』1964年度（R00053543B）.
経済局『島産米買上関係』1965年度（R00053538B）.
経済局『米穀需給審議会提出資料』1963年度（R00053549B），1965年度（R00053541B）.
経済局『米穀需給特別会計関係』1963年度（R00052901B）.
経済局『米穀販売欠損額補償金関係　他』1961〜1964年度（R00066442B）.
経済局『補給食糧に関する書類』1963年度（R00066444B）.
総務局『対米国民政府往復文書　受領文書　1959年　経済局』（R00165637B）.

3）沖縄県公文書館所蔵の個人資料
『食糧米の問題』（平良幸市文書，0000061890）.

2. アメリカ政府文書（国立アメリカ公文書館所蔵）
1) Record Group 260: Records of the United States Occupation Headquarters, World War II

『Rice, 1968.』（沖縄県公文書館資料コード：0000011745）（原資料：The Economic Department, Box No. 60 of HCRI-EC, Folder no. 6）.

『Rice, 1969.』（沖縄県公文書館資料コード：0000011751）（原資料：The Economic Department, Box No. 72 of HCRI-EC, Folder No. 4）.

『Rice, 1968.』（沖縄県公文書館資料コード：0000011761）（原資料：The Economic Department, Box No. 97 of HCRI-EC, Folder No. 4）.

『Rice, 1968. Messages.』（沖縄県公文書館資料コード：0000011761）（原資料：The Economic Department, Box No. 97 of HCRI-EC, Folder No. 5）.

『Rice, 1969. Messages.』（沖縄県公文書館資料コード：0000011762）（原資料：The Economic Department, Box No. 100 of HCRI-EC, Folder No. 4.

『Rice, 1969.』（沖縄県公文書館資料コード：0000011762）（原資料：The Economic Department, Box No. 100 of HCRI-EC, Folder No. 5.

『Industry and Commercial Enterprise Guidance Files, 1963(G): Rice Importation』（沖縄県公文書館資料コード：0000011805）（原資料：The Economic Department, Box No. 200 of HCRI-EC, Folder No.: 1）

2) Record Group 319: Records of the Army Staff

『Allocation: Rice Quotas』（沖縄県公文書館資料コード：0000106040）（原資料：Joint Chiefs of Staff, RG319, Box No. 1）.

3. その他個人資料
1) 大山朝常資料（沖縄国際大学南東文化研究所所蔵）

「米穀需給審議会」（作業番号：箱5-1-17，原資料番号819，原タイトル「米穀需給審議会」）.

「資料一綴　米穀審議委員の時，琉政案に反対し委員くびになる」（作業番号：箱22-3-11，原資料番号1267，原タイトル「60　米穀審議委員記」）.

あとがき

「琉球政府」に初めて出会ったのは，学部4年次の夏休みだった．当時の印象を正直に述べれば，憧れていたのだと思う．「1995年」を体感しながら育ち，大田昌秀県政の代理署名拒否に胸を熱くしていた私にとって，「琉球政府」という呼称は，沖縄のある種の理想のようにも聞こえた（そのような理想化がどれほど現実と乖離していたのかをすぐに知ることになったが）．大学院で琉球政府農政の研究を本格的にやりたいと考えるようになった．

修士課程へ進学した当初は，戦後沖縄の土地改良事業に関心を寄せていた．ただ，1年近く取り組んではみたものの，個人情報にも関係するテーマであり，資料制約が厳しかったため，断念せざるを得なかった．そこで新たに目を付けたのが，沖縄のコメであった．そのきっかけは，修士2年次の初めごろ，松本武祝先生と藤原辰史先生との会話で，沖縄の食糧需給がどうなっていたのかと聞かれたことであったと記憶している．そして，沖縄県公文書館で審議会の議事録を発掘したときの感動たるや．当時の沖縄の食糧をめぐる葛藤が生々しく記録されているのを見たときの興奮は，今でも忘れることができない．

ただし，こうした資料をどのように利用していくことができるのかという点では，私はあまりに勉強不足であった．それをなんとか書物という形でまとめることができたのは，指導していただいた諸先生をはじめ，多くの方々に支えていただいたからに他ならない．

大学学部3年次後期から博士課程を修了するまでの8年半もの間，ご指導ご鞭撻いただいた松本武祝先生へ，まず感謝申し上げたい．学問的な素養を明らかに欠いていた私をゼミに受け入れてくださり，研究者としての心構えから緻密な実証分析の手法まで，多くのことを教えていただいた．また，学問上の事だけでなく私生活についても常に気にかけて下さった．本当に，心から御礼申し上げます．

東京大学農業史研究室では，戸石七生先生にも，親身にご指導いただいた．人一倍行動が遅い私を，時にはエネルギッシュに引っ張ってくださり，時には暖かく見守ってくださった．本書を出版が実現したのも，松本先生とともに戸石先生による力強い後押しをいただけたからであった．

藤原辰史先生にもたいへんお世話になった．松本先生とともに本書の着想のきっかけを与えてくださったことは先述の通りである．大学院に進学するか迷っていたときに先生から薦めていただいた『甘さと権力——砂糖が語る近代史』（シドニー・W・ミンツ，平凡社，1988 年）が，どれほどの知的興奮を私にもたらしたことか．

研究室の外では，東京大学社会科学研究所の加瀬和俊先生の下で 5 年近く勉強させていただいた．また，東京大学の本間正義先生，鈴木宣弘先生，安藤光義先生には，博士論文をご精読いただき，有用なコメントをくださった．東京大学では他にも本当に多くの先生方にご指導賜ったが，紙幅の都合上すべての先生のお名前を挙げることができない非礼をお許しいただきたい．

研究を進めていく過程では，来間泰男先生の薫陶を受けることができたのは望外の幸せだった．私が学会で報告した機会のほとんどに，来間先生はわざわざ沖縄から出てきてくださり，私の拙い研究報告に対して真摯に議論してくださった．また，平良好利先生，戸邊秀明先生，高江洲昌哉先生，櫻澤誠先生，川手摂先生，小松寛先生，秋山道宏先生，高橋順子先生ら琉球政府研究会の皆様からは，多くの刺激と示唆を得ることができた．この場を借りて御礼申し上げたい．

本書の要である琉球政府資料や USCAR 資料などの史資料の収集に際しては，沖縄県公文書館に大変お世話になった．沖縄国際大学南東文化研究所には，貴重な資料を提供していただいた．特に鳥山淳先生には，資料の閲覧に際して格別のご高配を賜った．

本書は，東京大学に提出した博士学位論文「戦後沖縄における食糧米政策の展開過程——外米依存と島産米保護の相克に着目して」（2017 年 3 月，学位授与）を加筆・修正したものである．その元となった論文は，以下の通りである．

(1) 小濱武「アメリカ統治期沖縄の米穀政策——1960年代前半を中心に」『農業史研究』第47号，2013年．
(2) 小濱武「琉球政府の米価政策——1960年代後半における課徴金の決定構造に着目して」『経済史研究』第20号，2017年．

ただし，博士論文や本書にこれらの論文を組み込む際には，大幅な加筆修正を加えており，新たな書下ろしもある．

本書の刊行に際しては，東京大学学術成果刊行助成制度により，助成金ばかりでなく，審査員の方々からの貴重なコメントまでいただいている．また，編集をご担当していただいた東京大学出版会の大矢宗樹氏には，一方ならぬお世話になった．再三の原稿の遅れにも，氏は辛抱強く待って下さり，詳細なコメントを送ってくださった．本書が少しでも読みやすいものとなっているならば，それは氏のおかげである．深く感謝申し上げたい．

最後に，私が研究の道に進むことを許し，温かく見守ってくれた家族と，これから共に歩んでいく家族に，心から感謝を込めて，この本を捧げたい．

2019年7月

小濱　武

索　引

アルファベット

PL480　　75, 80, 81, 92, 96, 146, 147, 149-151, 153, 154, 171

あ 行

一般会計　　56, 73, 116-118, 125, 126, 129, 135, 140, 164, 165, 176
一般財政　　57
稲作改良法案　　112-114
稲作振興法案　　24, 111, 112, 114-117
営業所　　59
沖縄島中南部産米　　104, 105, 107
沖縄島北部産米　　104-107
沖縄米穀協会　　130, 131, 159, 160

か 行

ガリオア資金　　31, 38-40, 45
旱魃　　4, 8, 10, 76, 85, 86, 97-99, 102, 103, 108, 109, 113, 172, 176
基地経済　　1, 2, 5, 13
キャラウェイ　　87
行政主席　　111, 177
　　──選挙　　111
共同輸入　　130, 131
供与米　　24
拒否権　　4, 16, 19
グリフィス　　78, 79, 81, 87, 92
軍政機関　　26, 175
経済工務委員会　　→立法院経済工務委員会
兼任　　121, 137
　　──委員　　121, 137

玄米　　96, 158, 159
恒久法　　116, 117

さ 行

財政支出　　58, 73, 125, 126, 176
財政的制約　　165
砕米　　43-45, 48, 53, 63, 65, 68, 122, 158, 181
　　──輸入ブーム　　43, 49
　　──率　　41, 65, 79
サトウキビ・ブーム　　8, 76, 85, 97, 102, 110, 111, 176, 178
時限法　　97, 114-116
事後調整　　58, 69, 117
事前調整　　54, 55, 57, 58, 69, 114
資本蓄積　　51, 52, 176, 181
島ぐるみ闘争　　50, 51, 72
自由化　　24, 66, 72, 75, 76, 82, 85-93, 95-99, 101, 102, 106-108, 110-115, 159, 171, 175-180
　　──体制　　15, 23, 26, 48, 49, 51, 52, 72, 73, 75, 82, 110, 175, 178, 180
自由販売　　121
　　──米　　41, 48, 68
上級米　　26, 65, 66, 73, 75, 77, 79, 91, 96, 97, 99, 107, 110, 113, 176
食糧管理制度　　2, 9, 55, 57, 58, 145, 146, 162, 163, 165, 181
食糧債券　　168
精白米　　91, 95, 96, 158, 159
戦果　　31

索引　195

た　行

大衆米　63, 65
第4の食糧会社　78-81, 86, 87
単年度均衡予算主義　179, 180
朝鮮戦争　39
低米価政策　117, 126, 140
点数制配給カード　28
糖業振興法　83, 85
統治コスト　44, 48, 51, 72, 176
特選米　123, 128, 129, 158, 159
徳用米　123, 128

な　行

西村構想　147-151, 171, 177
農林漁業中央金庫　62, 70

は　行

配給米　35, 36, 39-41, 44
　──価格　45
パシフィック・インターナショナル・ライス・ミルズ社　87, 92
備蓄米　89, 118, 124, 125, 141
ブラッケンシー　78, 80, 87, 92
米価安定法案　53-56
米穀管理法　24, 111, 112, 115-117
米穀需給審議会　61, 63, 77-79, 87, 90, 98, 99, 103-105, 107, 112
米穀需給調整法案　53, 55, 56

米穀需給調整臨時措置特別会計（米穀需給特別会計）　61, 62, 66, 68-70, 98, 99, 107
　──法　61
米穀需給調整臨時措置法（米需法）　23, 49, 50, 53, 57-59, 66, 67, 73, 77, 81, 82, 88, 97, 99, 108, 110, 111, 113, 115-117
補給食糧　29, 31, 33

ま　行

民政機関　25-27

や　行

八重山産米　97, 104, 105, 107
有償配給　28
輸入ライセンス　89, 90, 95, 155
余剰農産物　23, 80, 81, 159
予備費　69, 125, 127, 138, 141, 142, 162, 166, 167

ら・わ行

立法院経済工務委員会　57, 58, 114
琉球開発金融公社　150, 151
琉球銀行　15, 44, 46, 62, 78, 81, 82
琉球列島米穀生産土地開拓庁　32
臨時開催　128
ロッカ　87, 92

割当配給制度　40-42, 48

著者略歴
1986 年　沖縄県生まれ
2010 年　東京大学農学部卒業
2017 年　東京大学大学院農学生命科学研究科博士課程修了
　　　　神奈川大学非常勤講師，明治学院大学非常勤講師，
　　　　東京都港区政策創造研究所研究員を経て，
現　在　沖縄国際大学経済学部講師
　　　　博士（農学，東京大学）

主要業績
「琉球政府の米価政策――1960 年代後半における課徴金の決定構造に着目して」『経済史研究』第 20 号，2017 年.
「物価高騰期における都市家計の米穀消費構造――1920 年前後を中心として」（加瀬和俊編『戦間期日本の家計消費――世帯の対応とその限界』東京大学社会科学研究所研究シリーズ No.57，東京大学社会科学研究所，2015 年）.
「アメリカ統治期沖縄の米穀政策――1960 年代前半を中心に」『農業史研究』第 47 号，2013 年.

琉球政府の食糧米政策
沖縄の自立性と食糧安全保障

2019 年 7 月 25 日　初　版

［検印廃止］

著　者　小濱　武（こはま　たける）

発行所　一般財団法人　東京大学出版会
　　　　代表者　吉見俊哉
　　　　153-0041 東京都目黒区駒場 4-5-29
　　　　電話　03-6407-1069　Fax 03-6407-1991
　　　　振替　00160-6-59964
　　　　http://www.utp.or.jp/

印刷所　株式会社平文社
製本所　牧製本印刷株式会社

Ⓒ 2019 Takeru Kohama
ISBN 978-4-13-046128-3　Printed in Japan

JCOPY〈出版者著作権管理機構　委託出版物〉
本書の無断複写は著作権法上での例外を除き禁じられています．複写される場合は，そのつど事前に，出版者著作権管理機構（電話 03-5244-5088，FAX 03-5244-5089，e-mail: info@jcopy.or.jp）の許諾を得てください．

川手 摂 著	戦後琉球の公務員制度史 米軍統治下における「日本化」の諸相	A5・7800円
池宮城陽子 著	沖縄米軍基地と日米安保 基地固定化の起源 1945-1953	A5・5500円
渋谷 博史 丸山 真人 編 伊藤 修	市場化とアメリカのインパクト 戦後日本経済社会の分析視角	A5・4200円
中村 隆英 著	日本経済 その成長と構造 第3版 ［オンデマンド版］	A5・3800円
石井 寛治 原 朗 編 武田 晴人	日本経済史4 戦時・戦後期	A5・5400円
石井 寛治 原 朗 編 武田 晴人	日本経済史5 高度成長期	A5・5800円
三和 良一 著	概説日本経済史 近現代 第3版	A5・2500円
三和 良一 原 朗 編	近現代日本経済史要覧 補訂版	B5・2800円

ここに表示された価格は本体価格です．ご購入の
際には消費税が加算されますのでご了承ください．